大数据背景下的企业大气污染排放分析与评估

Analysis and Evaluation of Air Pollution Emissions from Enterprises in the Context of Big Data

◎彭珍 著

北京理工大学出版社
BEIJING INSTITUTE OF TECHNOLOGY PRESS

图书在版编目(CIP)数据

大数据背景下的企业大气污染排放分析与评估 / 彭珍著. -- 北京：北京理工大学出版社，2023.12
ISBN 978-7-5763-3349-7

Ⅰ. ①大… Ⅱ. ①彭… Ⅲ. ①工业大气影响-研究-中国 Ⅳ. ①X820.3

中国国家版本馆 CIP 数据核字(2024)第 034422 号

责任编辑：封　雪　　　文案编辑：封　雪
责任校对：刘亚男　　　责任印制：李志强

出版发行 / 北京理工大学出版社有限责任公司
社　　址 / 北京市丰台区四合庄路 6 号
邮　　编 / 100070
电　　话 / (010) 68944439 (学术售后服务热线)
网　　址 / http://www.bitpress.com.cn

版 印 次 / 2023 年 12 月第 1 版第 1 次印刷
印　　刷 / 保定市中画美凯印刷有限公司
开　　本 / 710 mm × 1000 mm　1/16
印　　张 / 6.5
彩　　插 / 1
字　　数 / 97 千字
定　　价 / 66.00 元

前 言

大气污染是对人类生命与健康、生产与生活造成严重威胁的重大环境问题。世界卫生组织和联合国环境组织报告中指出“空气污染已成为全世界城市居民生活中一个无法逃避的现实”。近十余年来，随着我国经济的迅猛发展和城市化进程的加速推进，工业发展势头强劲，能源消耗量急剧增加，导致我国所面临的大气环境形势尤为严峻。

2013 年，我国出台“大气十条”五年行动计划，全面打响了以治理雾霾为主的污染防治攻坚战。2018 年，接续推出“蓝天保卫战”三年行动计划，一场与 $PM_{2.5}$ 的决战在京津冀等重点区域展开。2021 年 11 月，国务院印发《关于深入打好污染防治攻坚战的意见》（以下简称《意见》），《意见》指出，到 2025 年，生态环境持续改善，主要污染物排放总量持续下降的目标。可见，当前大气污染防治是一项需要长期坚持的攻坚战。虽然美丽中国已初见成效，但是目前我国城市空气质量总体上仍未摆脱“气象影响型”，大气治理仍然任重道远。

造成大气污染的主要是人为污染物，它主要来源于燃料燃烧和企业的大规模生产排放。企业排放的 SO_2、NO_x 和烟（粉）尘作为大气污染的重要来源，是能源消耗的必然产物。从企业大气排污的角度进行大气污染治理才能为能源效率提升、产业结构调整提供合理方向；从企业大气排污的角度进行大气污染治理才能将污染源定位在最根本单元，方能从根源上改善城市空气质量。

现有研究主要针对特定行业、区域大气污染排放特征及其影响，面向企业级大气排污内在规律的探索较少。随着企业排放大数据的发展，有关企业排放的数字化、全景化使得从企业大气排污中的发掘深层次规律成为可能，使大气污染治理更精细精准、有据可依。因此，在大数据驱动下，分析发现企业大气排污中隐含的特征已成为大气污染防治的必然趋势与途径。

基于上述认识，我们编写了该著作，主要基于企业大气污染排放数据，采用数据挖掘、回归分析、统计分析等技术手段，深入分析与探讨企业排污的关联、聚集、环境规制影响、作用及评价，为大气污染治理提供有效决策支撑。全书分为三部分，共九章。第一部分为大数据背景下的企业大气污染数据分析研究基础，包括第 1 章企业大气污染与数据分析方法，阐述了本研究的基础概念与方法；第 2 章大气污染数据分析与评价研究现状，它围绕大气污染的现有研究提出了大数据驱动下企业大气污染分析与评估的思想；第 3 章企业大气污染数据分析的理论基础，包括企业社会责任、空气流域理论与环境信息学。第二部分京津冀地区监测企业的大气污染排放数据分析，包括第 4 章京津冀地区重点监测企业污染大数据，以及在此基础上进行的第 5 章大数据驱动下的企业大气排污关联挖掘与第 6 章大数据驱动下的企业大气排污聚类分析。第三部分上市公司的污染排放数据分析与评估，包括第 7 章上市公司污染排放大数据，以及在此基础上开展的第 8 章环境规制对上市公司污染排放的影响与第 9 章上市公司污染排放的评价研究。最后给出全文的总结。

本书是作者多年的教学与科研总结，同时也反映了近年来该领域的新思想、新研究成果。除了作者彭珍外，参与本书撰写的还有其学生唐天乐、马梦蕊、武思铭、李泉昌、伽真、张云霄等。

本书得到国家自然科学基金项目资助。由于大数据驱动的企业大气污染分析与评价是环境管理的前沿新领域，涉及知识面既广又深，是一项复杂系统，而作者水平有限，书中难免存在不妥之处，敬请广大读者批评指正。

目　录

第一部分　大数据背景下的企业大气污染数据分析研究基础

第一部分

大数据背景下的企业大气污染数据分析研究基础

第1章 企业大气污染与数据分析方法

本著作的主题是从数据的角度研究企业大气污染的内部机理，本章介绍这个主题下两方面主要内容，一个是企业大气污染，另一个是数据分析。

1.1 企业大气污染

1.1.1 大气污染与大气污染源

大气污染按照国际标准化组织（ISO）的定义，“大气污染通常是指由于人类活动或自然过程引起某些物质进入大气中，呈现出足够的浓度，达到足够的时间，并因此危害了人体的舒适、健康和福利或环境的现象”。换言之，只要是某一种物质其存在的量、性质及时间足够对人类或其他生物、财物产生影响者，就可以称其为大气污染物；而其存在造成之现象，就是大气污染。

产生大气污染物的生产过程、设备、物体或场所称为大气污染源。大气污染源有两层含义，分别指大气污染物的来源（物体）、大气污染物的发生源（生产过程、设备或场所）。

从大气污染物的来源（物体）来看，人为污染源来自燃料燃烧（非清洁能源的排放）。燃料（煤、石油、天然气等）的燃烧过程是向大气输送污染物的重要发生源。煤炭的主要成分是碳，并含氢、氧、氮、硫及金属化合物。燃料燃烧时除产生大量烟尘外，在燃烧过程中还会形成一氧化碳、二氧化碳、二氧化硫、氮氧化物、有机化合物及烟尘等物质。

从大气污染物的发生源（生产过程）来看，人为污染源可以分为工业生产过程的排放、交通运输过程的排放和农业活动排放三类。其中工业生产过程的排放是其主要来源，如石化企业排放硫化氢（H_2S）、二氧化碳（CO_2）、二氧化硫（SO_2）、氮氧化物（NO_x）；有色金属冶炼工业排放的二氧化硫、氮氧化物及含重金属元素的烟尘；磷肥厂排放的氟化物；酸碱盐化工业排出的二氧化硫、氮氧化物、氯化氢（HCl）及各种酸性气体；钢铁工业在炼铁、炼钢、炼焦过程中排出的粉尘、硫氧化物、氰化物、一氧化碳（CO）、硫化氢、酚、苯类、烃类等。其污染物组成与工业企业性质密切相关。

根据2020年6月发布的第二次全国污染源普查工作公告，截至2017年年底，全国各类污染源数量358.32万个（不含移动源）。其中工业源247.74万个，涉及42个大类，659个小类行业工业生产。从地区看，广东、浙江、江苏、山东、河北五省各类污染源数量占到全国总数的52.94%。全国污染源的数量，特别是工业污染源的数量呈现由东向西逐步减少的分布态势。从行业看，金属制品业、非金属矿物制品业、通用设备制造业、橡胶和塑料制品业、纺织服装服饰业等五个行业占到全国工业污染源总数的44.14%。[①]

1.1.2 企业大气污染

企业作为工业生产过程的实体，是大气污染源的主要实体。工业企业在其生产、消费过程中要消耗各类能源，具有排污环节复杂、污染物排放量集中，环境危害大等特点，一直是我国环境管理和污染防治的重点对象，其污染物的产生和排放量是环境管理的重要衡量依据和控制指标。

企业大气污染排放污染物也称为废气，可分为有组织排放废气和无组织排放废气。有组织排放废气通常是生产装置或储气罐已配有收集装置，经相应设施处理后通过满足各行业要求的排气筒排出的废气；无组织排放废气是指不经过排气筒的无规则排放或排放气筒高度低于15 m的排放源排出的废气。

应对有组织废气的对策一般为加强废气排放量的监控和控制：根据废气种类的不同，对其进行分类收集、分质处理；选择有效、经济的处理工艺，对废气中

---

① 第二次全国污染源普查公报. https://www.mee.gov.cn/home/ztbd/rdzl/wrypc/? COLLCC=3295100426

的物质进行资源化再利用。对无组织废气的应对是在装料、卸料、生产过程等进行分类收集，分质处理；选择合理的收集技术和处理工艺，加强收集的有效性、处理工艺的有效性和经济性，变无组织排放转为有组织达标排放。

不同行业的废气污染物种类和特性各异，因此其排污标准也有所不同。通常情况下，特定地区会根据其环境状况和政策要求，为区域内特定行业的特定污染物制定专门的排放规定。

1.2　大数据分析方法

1.2.1　数据分析的内涵

数据分析是指用适当的统计分析方法，对收集来的数据进行分析，将它们加以汇总和理解消化，以求最大化地开发数据的功能以便于发挥数据的作用。它的目的是把隐藏在一大批看似杂乱无章的数据背后的信息集中和提炼出来，总结出所研究对象的内在规律，帮助管理者进行有效的判断和决策。

因此，数据分析是基于数据的一种定量的分析方法，它主要回答了以下三类问题：

（1）发生了什么？

发生了什么是定量地表达研究对象当前的状况。具体包括，第一，定量的统计分析，衡量研究对象的各个指标的完成情况，以说明其是好还是坏，好的程度如何，坏的程度又到哪里。第二，展示研究对象的定量构成，了解其发展以及变动情况。

（2）为什么发生？

为什么发生是定量地分析情况发生的原因。对发生了什么即当前状况展开原因分析，以进一步确定变动的具体原因。例如，某企业 2022 年 2 月运营收入下降 5%，是什么原因导致的呢？是各项业务收入都出现下降，还是个别业务收入下降引起的；是各个地区业务收入都出现下降，还是个别地区业务收入下降引起的。这就需要我们开展原因分析以确定收入下降的具体原因。

（3）未来如何发展？

未来如何发展是在发生了什么的基础上，进一步对未来发展趋势做出预测，为目标提供有效的参考与决策依据。预测分析需要构建预测模型，在数据的基础上依赖数据挖掘来完成的。以企业运营为例，预测分析通常发生在制订企业季度、年度等计划时。

1.2.2 数据分析与数据挖掘的关系

数据分析可以分为广义的数据分析和狭义的数据分析（图 1－1）。

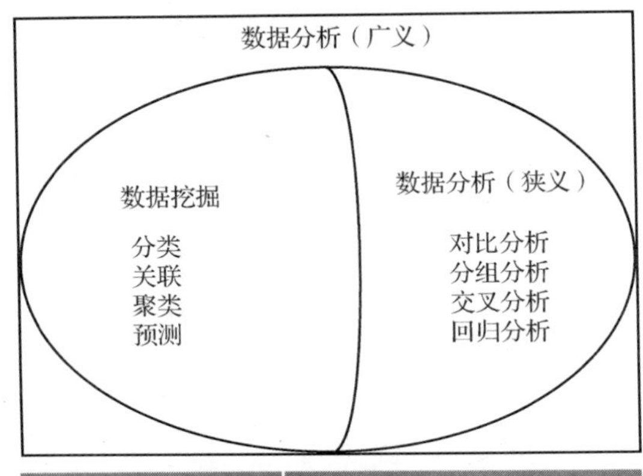

数据分析（狭义）	数据挖掘
重点在观察数据	从数据中发现知识规则
人的智力活动结果	机器从样本集发现的知识规则
不建立数学模式	数学建模

图 1－1 数据分析辨识

广义的数据分析包括狭义的数据分析与数据挖掘。数据挖掘则是从大量的、不完全的、有噪声的、模糊的、随机的实际应用数据中，通过应用聚类、分类、预测和关联等技术，挖掘潜在价值的过程。

狭义的数据分析是指根据分析目的，采用对比分析、分组分析、交叉分析和回归分析等分析方法，对收集来的数据进行处理与分析，提取有价值的信息，发挥数据的作用，得到一个特征统计量结果的过程。

因此，可以说狭义的数据分析侧重于数据的统计，数据挖掘侧重于从数据中学习、建模。

数据分析与数据挖掘具有相同的过程与步骤，是一个有目的地进行数据收集、处理以及对数据进行统计/建模，提炼出有价值信息的过程，如图 1－2 所示。

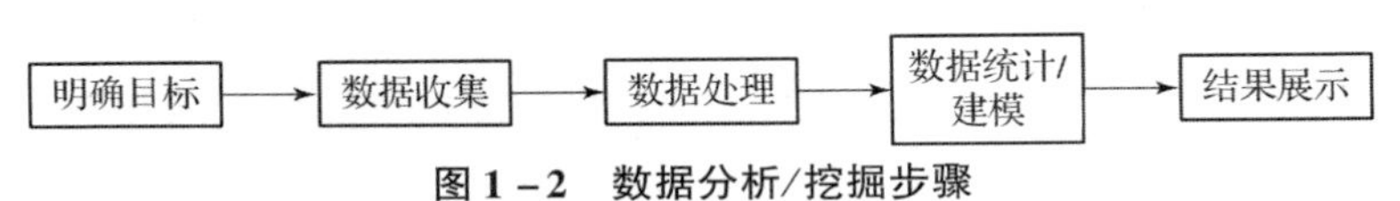

图 1－2 数据分析/挖掘步骤

第 2 章 大气污染数据分析与评价研究现状

本章通过文献调研，综述了大气污染的关联分析、聚类分析、评价以及环境规则对大气污染的影响、大气污染对人类健康的影响等，从而提出本研究的课题，即大数据驱动下的企业大气污染分析。

2.1 大气污染的关联研究

大气污染的关联分析可以分为内部关联与外部关联。内部关联是指污染物之间的关联，比如不同大气污染物之间、大气污染物与其他污染物之间。外部关联是指大气污染与外部因素之间的关系，比如分析大气污染与自然因素、经济、产业结构、或人类健康等之间的关系。此外，还有研究大气污染所处的空间之间的关联。

2.1.1 大气污染内部的关联研究

大气污染内部的关联包括大气污染物之间和大气污染物与其他污染物之间两部分内容。

大气污染物之间的关联研究多集中在空气质量监测的主要污染物之间及与温室气体之间的相关关系上。例如，Xiao 等（2020）通过我国 31 个城市 3 712.3 万个企业排放监测数据，构建了工业污染物排放强度（IPEI）、工业污染浓度排放强度（IPCEI）和废气监测企业密度（DWGME）3 个空间排放特征指标，基于数据挖掘方法发现了京津冀及其周边地区大部分城市工业 SO_2 排放与工业 NO_x 排放呈正相关，邢台、衡水、太原的相关系数分别为0.855、0.969、0.696；Zheng等（2011）利用1995—2007年中国29个省份的数据，采用线性回归方法，研究SO_2与CO_2之间的关系，发现存在长期稳定的平衡关系，这两个排放之间存在短期关系，短期弹性为0.04。邓洋（2017）利用长沙市2015年1月1日至12月31日的空气质量浓度日均数据，通过建立向量自回归（VAR）模型，运用广义脉冲响应函数探讨$PM_{2.5}$与空气污染物的动态关系，研究表明CO、NO_2、PM_{10}、SO_2的浓度的增加对$PM_{2.5}$的浓度增加具有较长时间的影响，O_3浓度的增加对$PM_{2.5}$浓度在后期起到抑制作用。

在大气污染与其他污染之间的关系方面，研究主要是大气污染与水污染之间的关系。例如，Ashouri（2021）等基于两种情景采用马尔可夫切换向量自回归模型，调查了伊朗水资源、能源生产率和空气污染之间的因果关系，检验发现在第二种情景下空气污染对水污染之间存在单项的格兰杰因果关系。

总之，研究表明大气污染物内部的关联研究主要针对的是城市、城市群或工业整体中不同污染物之间的联系，常用的方法是数据挖掘、回归分析、格兰杰因果检验，结果表明这些关系比较密切。

2.1.2 大气污染与自然因素的关联研究

大气污染与自然因素的关联研究中主要是从气象、气候、雷电等自然现象研究对大气污染的影响。

第一，大气污染与气象的关联研究较多，主要集中在不同气象条件与大气污染浓度之间的关系。比如，吴晓婷（2018）提出了一种基于用关联规则挖掘算法挖掘大气污染物浓度和气象条件之间的关联性。在通用的关联规则挖掘方法的基础上提出了反向置信度的概念，并且采用限定后件的方式来快速有效地挖掘“气象条件→大气污染等级”的规则表达，结果表明气象条件和相应的大气污染等级具有强相关度。张丹梅（2019）以2012—2016年气象因子与区域大气污染与气象因子数据为基础，采用灰色关联分析方法判断气象因子与区域大气污染浓度之间联系的紧密程度，研究发现PM_{10}、SO_2、NO_2在大气中的浓度受不同气象因子的影响程度都不相同，降雨量对PM_{10}、SO_2、NO_2在大气中的浓度影响最大，风速和相对湿度对PM_{10}、SO_2、NO_2在大气中的浓度影响次之，温度和气压对

PM_{10}、SO_2、NO_2 在大气中的浓度影响最小。

第二，在大气污染与气候生态的关联研究中，主要研究气候与主要污染物 $PM_{2.5}$的关系。例如，Yang（2018）基于2015年中国313个城市的 $PM_{2.5}$浓度工业产值（IO）、建筑产值（CO）、煤炭消费量（CC）等社会经济数据、生态环境数据，利用 Geodetector 方法量化多个潜在因素与 $PM_{2.5}$之间的非线性关联，发现生态环境和气候在内的自然因素比社会经济因素对 $PM_{2.5}$的影响更大，气候是影响 $PM_{2.5}$污染的主要因素。

第三，也有研究大气污染与雷电等自然现象的关系。例如，毛颖等（2021）基于福建省2017—2018年各大气环境监测站获取逐小时地闪［包含正地闪与负地闪频次资料与6项大气污染物（O_3、NO_2、SO_2、CO、$PM_{2.5}$、PM_{10}）浓度数据］，利用相关系数和相异系数，分析评价地闪频次与大气污染物浓度间的潜在影响，发现地闪频次与 $PM_{2.5}$、NO_2、PM_{10}、SO_2、CO 呈负相关，同 O_3 呈正相关，并分析负相关是因雷电活动常伴随着降水的湿清除作用，而正相关则可能由于大气中的电解与光解反应效应叠加大于湿清除作用所导致。可见，雷电活动影响到降水，从而对大气污染造成一定作用。

综上，研究表明大气污染与气象、气候、雷电自然因素紧密关联，而且气象等自然因素对大气污染的影响很大。关联关系的研究方法有数据挖掘、灰色关联、Geodetector 方法、相关系数等。

2.1.3 大气污染与经济、产业、工业、能源使用等社会因素的关联研究

大气污染与经济、产业、工业、能源等社会因素的关联研究主要包括以下三点：大气污染与经济增长（发展）、外贸的关联研究，大气污染与产业（结构升级）的关联研究，大气污染与工业、能源消费的关联研究。

第一，大气污染与经济增长（发展）等因素的关系研究。赵立祥等（2019）结合中国大陆地区2000—2016年30个省市的面板数据，以扩展的环境库兹涅茨模型（EKC）和空间计量经济学模型为基础，分析了大气污染的空间相关性及影响因素。结果表明经济增长对中国污染气体排放起促增效应。Jiang 等（2022）采用空间联立方程模型和广义空间三阶段最小二乘法（GS3SLS）来评估2007年至2016年中国“2+26”城市在地方政府竞争下的经济增长与空气污染之间的相

互关系。结果表明，整个地区的经济增长和空气污染存在不平衡的空间集聚效应。“2+26”城市的空气污染伴随着经济增长，经济增长与空气污染呈“U”形关系。此外，税收收入和外国投资竞争加剧了空气污染。Zhang 等（2021）从多个维度对中国的环境政策进行定量评分，以构建环境监管指数，并使用空间计量经济模型和2002—2016 年 280 个城市的卫星监测 $PM_{2.5}$ 数据，分析环境监管对中国城市空气污染治理的影响。实证分析发现南方城市经济发展与空气污染呈倒“U”形关系，验证了环境库兹涅茨曲线。Du 等（2022）基于市级投入产出表，研究了空气污染物和京津冀地区消费中体现的经济效益。结果表明，不同城市之间的空气污染物转移流和附加值导致了京津冀地区的空气污染和经济效益的不平等交换。北京通过贸易获得了更多的附加值（38.40%），而其大气污染物当量（APE，1.75%）是由京津冀地区的消费需求引起的。相反，与贸易带来的好处相比，唐山、石家庄和邯郸排放的空气污染物更多。郑凌霄（2021）采用 2000—2017 年中国 31 个省市自治区的数据，建立空间计量模型，对中国雾霾污染的空间溢出效应进行全样本、区域异质性、时间异质性分析。研究表明：从经济发展水平来看，人均GDP 与雾霾污染之间存在显著的“U”形关系，环境库兹涅茨曲线在我国还没有出现；对外开放水平的提高，并不一定会使得雾霾污染水平程度加深。张晓莉等（2020）基于新疆 1999—2016 年经济与环境数据，其中环境指标选取工业废水排放量、工业 SO_2 排放量、工业烟（粉）尘排放量（工业烟尘排放量与工业粉尘排放量之和）和工业固体废弃物产生量；经济指标选取实际人均 GDP。运用库兹涅茨曲线与灰色关联分析，研究发现四类新疆工业污染排放的库兹涅茨曲线都呈现倒“N”形曲线特征，而不是倒“U”形。

第二，大气污染与产业（结构升级）等的关联研究。赵立祥等（2019）研究发现我国产业结构的调整对大气污染产生了积极的减排效应。郑凌霄（2021）研究发现我国第三产业比重提高，没有显著降低雾霾污染的水平；人口密度的加大，城镇化水平的提高，以加大道路长度为目标的交通基础设施的投入都可能会引起雾霾污染问题。张晓莉等（2020）研究发现新疆地区产业结构、城市发展、环境效力、国际贸易和能源消费等是影响工业污染物排放的主要因素。Fan 等（2020）利用 2004—2016 年中国 279 个地级市的面板数据进行了实证分析，采用动态空间 Durbin 模型（DSDM）研究发现产业结构升级、清洁能源推广和技术创新是减少雾霾的驱动力，而空间产业转移和技术溢出有助于实现雾霾融合。

第三，大气污染与工业、能源消费的关联研究。赵立祥等（2019）研究结果表明我国能源强度与经济增长一样对污染气体排放起促增效应。李嗣同（2014）基于我国 2001—2011 年的 SO_2 年排放量、NO_x 年排放量和烟（粉）尘年排放量等数据，利用灰色关联模型考察了能源消耗和环境治理对大气污染的紧密程度，研究表明能源消耗与大气环境质量关联程度很大，是影响大气环境质量主要因素之一，大气治理投资是对大气环境质量影响相对较弱的因素。刘基伟等人（2021）基于 2008—2019 年间北京地区 $PM_{2.5}$ 浓度逐日数据与工业生产数据，使用误差修正模型和混频数据误差修正模型分析了北京市工业生产与大气环境污染关系，结果表明火力发电和原煤生产是 $PM_{2.5}$ 的主要来源。

可见，当前经济发展、产业结构、工业生产与能源消耗四个不同层面对大气污染的影响都较大，主要研究对象为国家范围与某些城市范围之内。经济之所以对大气污染产生影响，来源于区域产业分布状况；产业结构对大气污染的影响是源于工业生产分布得是否合理；而工业生产对大气污染的作用是因为通过企业中工业生产中的能源消耗，因此对大气污染影响最根本的是能源消耗，而能源消耗的最基本单元则是企业。

2.1.4　大气污染与人类健康的关联研究

毋庸置疑，大气污染会直接影响到人类的健康。美国健康效应研究所发布的报告《2019 全球空气状况》显示，2017 年全球因长期暴露于室外和室内空气污染而死于中风、心脏病、肺癌、糖尿病和慢性肺病的人数近 500 万。可以说大气污染与疾病、死亡有着密切的关系，此外还与人类的心理、失眠、综合健康等身体与精神健康等也存在密切关系，研究对象涉及中老年、青少年、儿童及婴幼儿等。

第一，大气污染对疾病的关系。赵海力等（2022）探讨了兰州市西固区大气污染对呼吸系统的健康效应及不同分层人群的易感性差异，研究发现 $PM_{2.5}$、PM_{10}、SO_2、NO_2、O_3、CO 对呼吸系统疾病存在滞后效应，且气态污染物 SO_2、NO_2 相比颗粒物（$PM_{2.5}$和 PM_{10}）对人体呼吸系统的危害性更高；NO_2 暴露对不同人群分层结果的影响均最为显著；肺炎对 $PM_{2.5}$、PM_{10}、SO_2、NO_2 最敏感；慢性阻塞性肺病对 O_3 最敏感；哮喘、上呼吸道感染和支气管炎受 SO_2 的影响较为显著；不同污染物的相互作用对呼吸系统疾病具有协同或拮抗作用。陈树昶等（2021）对杭州某小学 792 名四年级学生进行的健康问卷调查（包括一般人口学特征、生活居住环境、健康情况、出行模式情况、当天学生的疾病、症状），研究发现杭州空气污染浓度的增加对疾病、症状和缺课有影响，并且存在滞后效应；室内污染和室外空气污染可导致疾病和症状的发生。Ibrahim 等（2022）探索马来西亚民都鲁天然气工业区儿童短期暴露于空气污染与呼吸系统疾病住院之间的关系，结果表明短期暴露 PM_{10}、NO_2、CO 和 O_3 与儿童呼吸道住院之间没有显著相关性，而 $PM_{2.5}$和 SO_2 暴露与儿童呼吸系统疾病住院之间的相关性具有统计学意义，与 0 ~ 4 岁的幼儿和女孩之间的关联性更强，与 $PM_{2.5}$相比，短期接触 SO_2 使马来西亚民都鲁儿童因呼吸道疾病住院的风险更高。

第二，大气污染对失眠的影响关系。Li 等（2022）的研究结果表明，短期暴露于多种空气污染物，尤其是 NO_2 和 SO_2 中，成人原发性失眠门诊就诊风险更高，并且这种关系可能会受到性别、年龄和季节的影响。

第三，大气污染对心理健康的影响。张广来等（2022）研究发现，空气污染显著地降低了居民心理健康水平，这主要通过减少居民运动锻炼行为并增加肥胖风险进而对心理健康产生负向影响，并且空气污染对不同人群心理健康影响存在异质性差异，男性群体、年轻人群体、低教育群体和城市居民受空气污染的负面心理健康效应会更大。

第四，大气污染对死亡的关系。Zhang 等（2021）的研究结果表明，空气污染的加剧严重损害了当地的公众健康状况，导致了婴儿死亡率上升和平均预期寿命降低；随着人均经济地位的提高，空气污染对公众健康损害的影响逐渐减弱；东部、中部和西部地区空气污染和社会经济地位对婴儿死亡率的影响是异质的。Xu 等（2022）研究发现，北京周边城市主要污染物为 $PM_{2.5}$，而偏远城市以 PM_{10}为主，在高浓度下 PM_{10}和 $PM_{2.5}$对健康构成重大风险，较低浓度的 SO_2、CO、NO_2 和 O_3 对健康的影响更为明显，某些污染物的低浓度导致的预期死亡率远高于其他污染物的高浓度导致的预期死亡率。

第五，大气污染对综合健康影响关系。Ke 等（2022）探讨了长期暴露于空气污染中，中老年人身心健康与自我评价健康状况之间的因果关系。研究结果表明，长期接触空气污染物会全面损害中老年人的健康，包括日常生活活动水平和记忆力。夏依章等（2022）测算不同大气污染物对成都市青少年健康造成的风险，同时对未来健康风险进行预测，研究发现 $PM_{2.5}$ 和 PM_{10} 所致青少年健康风险全年呈“U”形变动，且 $PM_{2.5}$ 所致青少年健康风险高于 PM_{10}，O_3 的健康风险全年波动呈倒“U”形，健康风险差异较为明显，相较 NO_2 和 PM_{10}，$PM_{2.5}$ 和 O_3 所致青少年的健康风险降幅较小。Yang 等（2021）研究发现，BTHS 和 FWP 城市的 PM 对健康的影响在下降，但臭氧对健康的影响在增加。

2.1.5　大气污染空间上的关联关联研究

大气污染空间关联研究的区域对象一般为跨省市经济共同体的空间关系研究。东童童（2021）选取 2013—2016 年粤港澳大湾区 11 市大气主要污染物数据，利用社会网络分析法（SNA）对粤港澳大湾区大气污染的空间关联性进行实证研究，大湾区城际大气主要污染物的空间关联均呈现出较典型的网络结构特征；城际大气污染存在明显的空间关联和空间溢出，各城市空间联系越来越密切；珠海、佛山、惠州、中山在大湾区城际大气污染空间关联网络中处于中心地位；各城市在大气污染空间网络中存在明显的非均衡地位。孙亚男等（2017）选择长三角地区所辖城市作为样本，包括 2012—2014 年环保部组织分三个阶段完成的在全国 338 个地级及以上城市的空气质量新标准监测数据，以及 2015 年 1 月起实时发布的全国所有地级及以上城市的空气质量监测数据。采用格兰杰因果检验方法识别城市大气污染的空间联动关系，并利用社会网络分析工具揭示大气污染空间联动的网络结构特征。研究发现长三角地区城市间大气污染呈现出多线程的网络结构联动关系；利用连云港等 6 城市的网络“中介”作用，易于调控城市之间大气污染的联动关系。

总之，学者们从自然、经济社会、人类健康多方面研究了大气污染，从空间上也研究了经济共同体中不同省市之间的关联关系，研究的视角宏观。而且大量研究表明，不同行业的大气污染排放具有各自的特点，但现有研究缺少关注大气污染与行业类型之间关系。在大气污染空间关系研究中，也缺少从微观视角研究区县级之间的关系。

2.2 大气污染的聚类研究

聚类分析在大气污染的应用主要包括基于聚类的污染分布特征研究、基于聚类方法的污染来源和防控区域识别以及基于聚类的污染监测站点规划研究三个方面。

2.2.1 基于聚类的污染分布特征研究

该研究首先建立多分析指标，然后进行区域聚类，以识别不同的污染时空分布特征，从而实施不同的污染治理措施。Gramsch 等（2006）利用皮尔森相关函数根据站点之间的距离使用统计分析系统（statistical analysis system，SAS）程序进行聚类以识别智利圣地亚哥的污染趋势并对产生原因进行了分析，发现颗粒物（PM_{10}、$PM_{2.5}$）浓度呈季节性变化趋势，全市冬季浓度最高，夏季浓度最低。陆剑锋等（2012）以工业“三废”（废气、废水和固体废弃物）为研究对象，选取废气、SO_2、烟尘、粉尘等 9 个具体指标建立城市工业污染评价指标体系，将江苏省 13 个城市的工业污染情况分成不同灰类进行综合聚类评估，分别分析污染原因。龙凌波等（2018）使用主成分分析的方法，根据 6 种大气污染物监测值，将我国沿海 12 个省（自治区、直辖市）的 115 个地级以上城市聚为 3 类，对我国沿海地区的大气污染分布特征进行了识别。高胜云等（2019）使用系统聚类的方法，从主要的大气污染监控物入手，根据污染特征将 8 个地区分成 4 类构建了大气污染地区分类的聚类评价指标体系。秦炳涛等（2019）运用主成分分析法和聚类分析法，分别选取了代表工业经济发展的 8 个指标和代表环境污染的 6 个指标，在对我国 31 个省份进行分析评价的基础上，根据各地区的综合得分情况，将其划分为强可持续、弱可持续、弱不可持续和强不可持续 4 类，并针对各类各地区的具体情况进行具体分析。

2.2.2 基于聚类方法的污染来源和防控区域识别

该研究可以用来识别空气污染物来源和确定污染防控区域范围，是解决严重区域空气污染的有效方法。Zhang 等（2022）使用频繁项集聚类方法确定污染区域的污染和区域边界、应用层次聚类法确定合适的联合污染控制区域，有效确定了污染模式，并有效识别了区域划分，有助于更好地了解 $PM_{2.5}$ 时空聚集，设计区域间的联合控制措施。Zulkepli 等（2022）利用混合分层聚类（hierarchical agglomerative cluster analysis，HACA）和拓扑数据分析（topological data analysis，TDA）评估了马来西亚雾霾事件严重程度，识别受雾霾影响严重的区域，以便更好地开展防治。Jorquera 等（2020）通过 k 均值聚类分析与短期受体模型（receptor models，RM）分析结合分析了智利识别空气污染物的主要来源，即交通、工业、住宅，有效估计环境中 $PM_{2.5}$ 和 PM_{10} 的长期每小时浓度，便于实施环境监管。贾卓等（2022）采用局部空间关联指数分析高值或低值要素的空间聚类，有效分析了地区工业集聚对兰州 – 西宁城市群工业集聚空间相关性，并采用空间统计方法和空间计量模型分析了 2005—2018 年兰州 – 西宁城市群工业集聚格局及其影响因素的空间溢出，结果表明工业集聚呈现“中心 – 外围”空间格局和“点 – 轴”发展特征，工业集聚的空间非均衡格局存在马太效应。吴晓婷（2018）提出了一种基于时空特征的聚类算法及相应的评价方法，通过 Voronoi 图对城市进行近邻查询，然后计算城市与其近邻城市的大气污染物时间序列的相似度，最后根据相似度计算结果将相近的城市聚合。

2.2.3　基于聚类的污染监测站点规划研究

聚类分析方法还可以解决空气质量监测管理的问题，通过评估站点监测网络和站点规划质量，采取相应措施如增添必要站点和去除冗余站点以降低站点运营成本、优化站点监测网络。Iizuka 等（2014）利用污染物的拓扑聚类查明了日本关东地区最不重要的监测站和污染物，尽量减少了数据质量的损失，并减轻对确定污染物的任何空间和时间趋势的影响。Soares 等（2018）使用关联性分析和层次聚类得出了不同站点 SO_2 和 NO_2 各自排放源的差异，针对不同污染源提出优化加拿大阿尔伯塔省的空气质量网络的措施。Stolz 等（2020）使用不同的聚类方法，包括主成分分析、分层聚类、k 均值聚类，对墨西哥主要三大都市空气污染物进行聚类，查明存在重复数据的空气质量冗余站点，以优化和降低空气质量网络的运营成本。Alahamade 等（2021）对单个污染物使用基于形状的距离（shape – based distance，SBD）的单变量时间序列（time series，TS）聚类，对所有污染物使用结合 SBD 的融合相似性的多变量时间序列聚类（multivariate time series clustering，MVTS）聚类，明确了站点部分污染物缺失问题，研究了各站点的地理位置相关性。Wang 等（2018）结合了相关分析、主成分分析、分配法、聚类分析和对应分析，提出了一种综合方法来识别西安市空气质量监测网络的冗余站点，分析确定了三个冗余站（小寨、广云滩和高科技西区），以及每个冗余站的替代方案，从而提高监测信息的完整性，降低成本。

综上，国内外很多学者采用聚类主要用于识别污染特征与来源、确定污染区域、污染监测站点规划的。针对企业大气污染排放的聚类研究欠缺。

2.3 大气污染的评价研究

对大气污染进行有效评价具有重要意义，首先对污染物特征和影响因素进行评价，有助于归纳出污染物排放的空间特征及时间趋势，帮助政策制定者、公众及行业理解大气污染形成原因，制定合适政策及有效遵守规则；其次对污染物排放绩效进行有效评价有助于支撑宏观产业结构调整和中观、微观的工业企业环境治理，为精准治污提供了重要的参考路径；最后对各种技术手段实施后污染物排放进行评价以更好地把握各项技术是否有效减排，有利于技术创新和政策的调整。

2.3.1 污染物特征和影响因素的评价

吴晶等（2021）从变化趋势、污染物特征、空间特征 3 个角度进行分析，采用《环境空气质量标准》（GB 3095—2012）中污染物二级标准作为等标污染负荷的计算参数，分别取 SO_2、NO_x 和总悬浮颗粒物的日平均值对工业废气中 SO_2、NO_x 和烟（粉）尘的等标污染负荷进行计算，结果表明，工业污染源废气的主要污染物是 NO_x 和 SO_2。其中 NO_x 的等标污染负荷最大，为首要污染物。在进行污染物总量控制工作时应将 NO_x 列为环境治理的重点，同时可以对 SO_2 排污配额加以优化管理。杨宝强（2020）通过搜集各个省会城市三废（废水、废气、固体废弃物）的排放数据，从影响环境质量的直接原因入手，提取主因子载荷阵进行方差最大正交旋转后得到公因子的方差贡献率，给每个公共因子赋予相应的经济含义，包含F1生活污染物排放因子、F2城市工业废弃物排放因子、F3生活废气排放因子、F4工业废气排放因子、F5天气污染因子，分析概括了影响各个城市环境质量的主要因素，针对具体问题，采取相应的措施，有效改善了环境质量。

2.3.2　污染物排放绩效的评价

曹纳（2020）由驱动力（drive）、状态（state）、响应（response）共同构建的评价指标体系，基于DSR评价模型，在AHP、模糊综合评价法的基础上进行了评价模型的优化，得到碳审计综合评价模型，确定了制糖工业碳排放绩效评价的指标权重，拟定了碳审计基础上制糖工业碳排放绩效评价的主要和重要环节，有利于我国制糖企业或相关产业链企业进行节能、降耗、减排管理策略和生产计划的制订。李廷昆等（2021）以天津市西青区为例，基于第二次全国污染源普查数据，对工业企业开展污染物排放绩效定量评价，并深入探究排放绩效评价应用于工业源精细化管控治理的可行性、意义以及存在的问题，较好实现差异化管理，为污染物减排提供技术支撑，与现有减排方案相比，基于排放绩效定量评价结果进行减排可极大程度减少经济成本。结果表明，西青区各行业的排放绩效水平差异较大。污染物排放绩效水平与行业企业的自身属性、发展规模和管理水平有较为密切的关系。

2.3.3　污染物排放的评价

Cai等（2016）基于2013年中国1 574家水泥企业的详细信息，根据所有权和生产能力两个主要指标对水泥设施进行评价，采用方差分析（ANOVA）方法，分析不同设施的CO_2排放强度，即不同生产能力和所有权的设施之间CO_2排放强度的差异，以便在考虑当地实际情况的情况下出台更适当的水泥行业缓解政策。Sun等（2019）采用随机前沿方法对中国26个工业部门的温室气体排放效率（GHG efficiency）从电力比例、温室气体排放强度、技术能力、能源强度四个方面进行了行业层面的评价，并分析了其影响因素。此外，通过Kendall的秩分析估计了温室气体效率与其决定因素和其他代理的相关性。结果表明，在现有技术水平前提下提高温室气体效率的潜力不大，技术进步是必要的，温室气体效率表现既响应净用电量比例的变化，也响应电价与煤价比率的变化；同时，技术能力也产生了积极的影响。Proaño 等（2020）通过系统动力学模型，结合技术成果和经济评价，从水泥需求、水泥生产、CO_2 估算和捕获过程、成本和利润四个模块分析了某水泥厂实施 CO_2 捕集碳化技术的经济影响，以及市场和政府条件对水泥厂整体现金流的影响，在不同的市场情景和 CO_2 税收经济政策下，评估 CO_2 捕集对参考水泥厂利润的总体经济影响。Xue 等（2022）采用物质流分析方法，对钢铁工业（ISI）的物质和能量流进行了系统的识别，然后，建立了基于生命周期评价和保护供给曲线的共生技术综合评价框架，根据工业共生系统中副产品和废物的类型和产量对共生技术进行量化和筛选，在此基础上，通过情景分析法对选定技术在河南 ISI 推广所带来的 ECER 潜力（节能减排）进行了具体评价和分析，为证明产业共生能为钢铁工业实现节能减排提供了依据。

目前学者们大都对城市或某行业的环境污染程度进行研究，而关于微观企业/上市公司的环境污染程度研究偏少。

2.4 环境规制对大气污染影响研究

环境规制的最早定义是政府通过禁令、非市场转让等非市场方式直接干预环境资源，管理相关环境标准的制定和实施。这种类型的环境规制没有给工业经营者的活动留下空间，即受指令管辖的环境规制。之后，国内外学者从市场经济的逐步发展出发，将环境支出、污染税、排污权交易等市场力量纳入环境规制的工作范围，扩大了环境规制的内涵，完善了环境规制。之后，环境规制被重新定义为保护环境而设计和实施的一套政策和措施的总称，既包括相关的环境法律和政策，也包括各种环境保护规章制度。环境规制对大气污染的研究主要从以下几个视角进行。

2.4.1 环境规制对空气污染的中介效应/非线性关系

蔡乌赶等（2020）基于 2006—2015 年中国 284 个地级市为样本，使用治污费占 GDP 的比重衡量环境规制强度，选择 $PM_{2.5}$ 作为空气污染的衡量指标。采用空间计量模型分析环境规制对空气污染的具体影响效应，并运用中介效应模型识别环境规制影响空气污染的作用机制。研究发现就全国而言，环境规制与空气污染之间表现出明显的负向单调关系，意味着中国目前的环境规制水平抑制了空气污染。产业结构和外商直接投资是环境规制影响空气污染的重要传导路径，能源结构和技术创新的中介作用尚未有效发挥。赵立祥等（2020）基于 2007—2017 年中国 30 个省级地区包括碳排放、雾霾、SO_2 在内的大气污染面板数据，通过中介效应分析法验证了“碳交易政策 - 技术进步 - 能源强度下降 - 环境改善”的正向传导机制，表明碳交易政策的实行通过倒逼技术进步和改善能源强度带来了大气污染的协同减排效应。Zhang 等（2019）基于 2006 年至 2016 年中国 30 个省市（西藏除外）的面板数据进行实证检验，使用各省的年平均 $PM_{2.5}$ 浓度来衡量雾霾污染水平，使用排污费来衡量一个地区环境监管的力度。基于差分广义矩法（GMM），探讨了 2006—2016 年期间环境监管对雾霾污染治理的直接和间接影响。结果表明中国现行环境监管有效抑制了雾霾污染，达到了预期效果。煤炭消费显著加剧了雾霾污染，环境规制提供了促进产业结构转型升级的动力机制，从而扭转了产业结构对雾霾污染的影响方向，缓解了雾霾污染。牛子恒等（2021）依据我国 279 个城市 2010—2018 年的面板数据，研究发现食品安全示范城市创建通过环境规制效应和技术创新效应对工业 SO_2 的排放产生了抑制作用。梁睿等（2020）利用中国 30 个省份 2001—2014 年的面板数据，采用不同的估计方法初探环境规制对大气污染减排的影响，再进一步通过门槛回归模型检验环境规制与大气污染减排的非线性关系，结论是首先中国环境规制在一定程度上促进了大气污染减排；其次，环境规制对大气污染减排并不是简单的单调递减或者递增的作用。

2.4.2　某一种环境规制对空气污染的作用

Liu 等（2022）基于 2015 年 1 月 1 日至 2018 年 12 月 31 日中国 288 个地级市的各种每日空气污染指标的面板数据，将第一轮中央环境保护检查（CEPI）作为准自然实验，空气质量指数是通过标准化每种污染物的浓度指数获得，综合反映了城市日常空气质量。采用多重差分（DID）方法实证分析其对城市空气污染的影响。结果表明：①第一轮五批环境检查和两批“回望”均显著降低了 7 种污染物的浓度；②前五批环境检查对减少空气污染的影响比“回望”更大；此外，在检查后的短期内，它仍然对减轻空气污染有显著作用。牛子恒等（2021）采用双重差分模型评估了食品安全示范城市创建对工业大气污染的影响。研究发现，食品安全规制是抑制工业大气污染的“隐蔽”力量。赵立祥等（2020）运用双重差分法，探讨了碳交易政策能否实现对于包括碳排放、雾霾、SO_2 等大气污染的协同减排效应。研究表明，碳交易政策对处于后工业化阶段经济发达地区的大气污染减排有效。

这类研究一般都选用 DID 模型进行事后的检验。

2.4.3 经济政策对空气污染的影响

Li 等（2021）基于中国 30 个省份的火电厂月度排放数据（包括 SO_2、NO_x 和粉尘），运用回归分析研究了新环境保护税法对中国 30 个省的化石燃料发电厂污染物减少的影响。结果表明，与排污费政策相比，环保税对污染物减排具有积极影响。研究表明，在该政策实施后，来自化石燃料发电厂的 SO_2、NO_x 和粉尘分别显著减少。此外，污染物减排与税率之间存在倒“U”形关系。环保税对大型国有燃煤电厂的污染物减排效果有限，可能在一定程度上实现了环境改造。Zhang 等（2022）采用 DID 来检验 2017 年发布的中国绿色金融政策对空气污染的控制情况。绿色金融政策的控制效果是通过当地公司的经济行为实现的，在经济欠发达地区绿色金融政策的减排效果更好。

2.4.4 环境规制的空间溢出效应研究

郑凌霄（2022）采用 2000—2017 年中国 31 个省市自治区的数据，建立空间计量模型，研究表明：环境规制系数显著为负，环境规制水平越高，对雾霾污染的抑制效果越好；环境规制的空间滞后项虽然也为负，却不显著，影响效果可以忽略，这说明环境规制的空间溢出效应没有发挥作用，地方政府加强环境规制，对周边地区的雾霾污染没有起到很好的抑制作用。Yang 等（2021）基于 2000—2017 年中国 29 个行政省的工业污染控制输入和输出数据，深入研究了污染减少的空间溢出效应。研究表明，产业政策控制效率具有较强的空间相关性和集聚性，严格的环境法规对提高工业污染控制效率具有积极作用，它还产生了积极的空间溢出效应。

2.4.5　环境规制对空气污染的异质性

环境规制对空气污染的异质性体现在区域的异质性、经济发展的异质性、污染物影响的异质性、空间溢出效应的异质性。

1. 区域的异质性研究

Zhang 等（2021）以我国 2002—2016 年 280 个城市的卫星监测 $PM_{2.5}$ 数据为依据，实证发现环境监管可以显著改善北部和东部地区城市的空气污染状况。牛子恒等（2021）研究发现食品安全示范城市的行政级别越高、规模越大，越有利于发挥其对工业大气污染的抑制作用；东部地区食品安全示范城市的创建对工业大气污染的抑制作用要强于中西部地区。

2. 经济发展的异质性

Liu 等（2022）基于 2015 年 1 月 1 日至 2018 年 12 月 31 日中国 288 个地级市的各种每日空气污染指标的面板数据，将第一轮中央环境保护检查（CEPI）作为准自然实验，空气质量指数是通过标准化每种污染物的浓度指数获得，综合反映了城市日常空气质量。采用多重差分（DID）方法实证分析其对城市空气污染的影响。结果表明中央环保检查对空气污染的影响在不同批次的检查、城市规模和经济发展水平以及检查前城市的空气质量水平方面表现出强烈的异质性。Zhang 等（2022）采用 DID 来检验 2017 年发布的中国绿色金融政策对空气污染的控制情况。研究发现，与经济发达地区相比，经济欠发达地区绿色金融政策的减排效果更好。梁睿等（2020）采用不同的估计方法初探环境规制对大气污染减排的影响，研究发现环境规制对大气污染减排的影响程度与方向在不同的经济增长水平区间是有所区别的，只有在特定的经济增长区间内环境规制才能发挥减排作用。

3. 污染物影响的异质性

Zhang 等（2022）采用 DID 来检验 2017 年发布的中国绿色金融政策对空气污染的控制情况。就具体的六种污染物而言，它在减少 SO_2、NO_2 和减小 $PM_{2.5}$ 数值方面表现出优势，但在减少 CO、O_3 和减小 PM_{10} 数值方面表现出劣势。

4. 空间溢出效应的异质性

郑凌霄（2022）按照我国东部地区、中部地区、西部地区进行区域异质性分组，按照我国 2000—2012 年和 2013—2017 年进行时间异质性分组，对中国雾霾污染的空间溢出效应进行不同区域空间溢出异质性、时间异质性分析。

但是，环境规制在微观层面对企业污染排放的影响研究较少，采用企业排放的污染物数据能对区域化企业污染排放的研究进行一定的补充，为当地的环境治理提供参考。

2.5 大数据驱动下企业排污分析与评估的提出

通过上述的文献综述，可以看到学者们从自然、经济社会、人类健康多方面研究了与大气污染的关系，从空间上也研究了不同省市之间的关联关系，研究的视角比较宏观，大都从宏观区域、特定行业进行的，不同区域、不同行业的大气污染关联关系有所不同。聚类主要用于识别污染特征与来源、确定污染区域、污染监测站点的规划等，针对企业大气污染排放的聚类研究欠缺。大气污染的评价都是对城市或某行业的环境污染程度的研究，关于微观企业/上市公司的环境污染程度研究偏少。环境规制对大气污染的影响研究也是主要体现在区域层面，很少从微观层面研究对企业污染排放的影响。

我们知道，微观企业是大气污染的根本单元。前期由于微观企业大气排污数据的可获取性，从企业的角度研究大气污染的较少，且缺少研究污染排放与行业类型之间、大气排污的区县级之间的关系研究。随着国家环境政策的实施力度的增强、物联网技术的发展以及企业排放的数字化、全景化，各地对相关企业采取了污染监测措施，上市企业也加强了年报环境纰漏制度，使得污染防控有制可依、有规可守、有律可循。但是，目前对企业大气污染排放中深层次规律的发掘有待进一步发展，如此大气污染治理才能更精细精准、有据可依。因此，本研究在企业大气排污大数据驱动下，进一步发掘企业大气排污中隐含的特有规律，为企业/区域环境治理提供决策参考。

第3章 企业大气污染数据分析的理论基础

大数据驱动的企业大气污染分析研究的理论基础主要包括企业社会责任理论、大气流域理论和环境信息学。

3.1 企业社会责任理论

企业社会责任（corporate social responsibility，CSR），是指企业在创造利润、对股东和员工承担法律责任的同时，还要承担对消费者、社区和环境的责任，企业的社会责任要求企业必须超越把利润作为唯一目标的传统理念，强调要在生产过程中对人的价值的关注，强调对环境、消费者、对社会的贡献。在考察大气污染问题时，企业作为污染排放的主要实体单元，应是环境治理的研究对象。

3.2 空气流域理论

空气流域（airshed 或 air basin）理论指出，大气是一个整体，并没有阻止空气流通的边界。然而，从一个地方污染源排放到大气中的污染物并不会立即在全球范围内均匀混合，通常只会污染局部地区的空气。类似于空气中存在“空气分水岭”（shed），将大气分割成多个彼此相对孤立的气团，这些气团笼罩下的地理区域，就是“空气流域”。同一空气流域的行政区域之间跨界污染问题较为复杂，它可能是单边性的，例如两个行政区域是由一方扮演“污染接收者”而另一方扮演“排放输出者”，也可能各个行政区域都扮演双重角色。如此，若仅从单个城市角度出发进行大气污染防治，难以反映区域大气污染扩散和跨界污染控制问题，难以适应区域性、交叉性大气环境污染控制和环境管理的需求。

3.3 环境信息学

环境信息学是指对环境信息进行收集、加工、处理，用数据反映并计量人类活动引起的环境变化和环境变化对人类的影响，是环境管理、规划和应急计划决策的基础。

因此，从数据的角度出发，通过对企业数据的收集、处理和挖掘，研究企业这一负有环境责任的基本单元的污染物排放规律，对于区域或企业的大气污染决策和管理是非常必要和有重要意义的。

第二部分

京津冀地区监测企业的大气污染排放数据分析

第 4 章 京津冀地区重点监测企业污染大数据

本章主要介绍了企业污染大数据的来源，企业大气污染大数据不仅有京津冀地区官方监测的企业自身的数据、大气排污数据，还有京津冀各地空气质量数据，以及各地区统计类数据。此外，还详细介绍了这些数据的处理过程及描述性分析结果。

4.1 企业大气排污数据来源与采集

京津冀地区监测的企业大数据来自京津冀各地官方网站、国家统计局①、空气质量数据②等。北京的企业排污数据来自北京市各个区人民政府的官方网站，比如房山区人民政府③、丰台区人民政府④、大兴区人民政府⑤等。天津市企业排污数据来自天津市重点监管企业网站⑥。河北省企业排污数据来自河北省生态环境厅⑦。北京市空气质量监测数据来自中国空气质量历史数据。

主要收集并整理了 2013—2019 年北京、天津、河北三地重点监测企业废气排污数据。数据主要类型是 Web 文本数据、PDF 数据等非结构化形式。收集到的数据共计近 30 万条。获取的数据包括两大类文件：一类是描述企业自身特征状况的数据；另一类是排污数据。描述企业自身经营状况的字段包括：企业名称、所属行

① http://www.stats.gov.cn/
② https://quotsoft.net/air
③ http://www.bjfsh.gov.cn/
④ http://www.bjft.gov.cn/
⑤ http://www.bjdx.gov.cn/
⑥ http://zxjc.sthj.tj.gov.cn:8888/PollutionMonitor-tj/publish.do
⑦ http://hbepb.hebei.gov.cn/

业、注册资本、所属地区、所属区县名称以及企业是否更改名称及行业等信息。排污数据的字段包括：企业名称、监测年份、监测季度、监测日期、所属行政区、所属区县、污染类型、监测点位、检测项目、排放浓度、标准限值、排放单位等。空气质量监测数据主要包括 AQI、CO、SO_2、NO_2、$PM_{2.5}$、PM_{10}和 O_3 的数据。

4.2 企业大气排污数据处理

企业大气污染数据为非结构化数据，在进行数据挖掘的相关工作前，对于原始数据进行数据预处理是相当关键的一个步骤，这里主要包括对数据的结构化变换、集成、特征与数值处理等数据处理。

4.2.1 结构化变换与集成

以河北省的企业大气污染排放数据为例，在河北省环境厅网站政府以 PDF 格式文件发布重点工业企业排污监测数据，如图 4－1 所示。由于难以从 PDF 格式中自动获取信息，将其进行以下转化：

（1）首先使用转换器将 PDF 转为 Word 格式，原因是若直接将 PDF 转换为 xlsx 格式会出现很多错乱现象；

（2）再将 Word 转换为 xlsx 格式；

（3）最后将 xlsx 格式转换为 csv 格式。

如此将非结构化的 PDF 格式转换为方便信息处理的 csv 格式。

同时，需要特别注意的是，由于 PDF 在转换识别过程中难免出现识别错误的情况，因此还需要对错误值进行修正。

信息集成是企业自身特征数据与企业大气污染排放数据的整合，两者整合的依据是相同的企业名称。但存在有些企业改过名称的情况，2013—2017 年，有部分企业进行了企业的更名及企业转型，这就造成了企业所属行业的变更。例如：北京市的琉璃河水泥有限公司于 1975 年注册时的公司行业类型为水泥制品制造，但已于 2016 年公司更名时对行业类型进行了更改，更改为非金属矿采选业。企业是否更改名称、行业等信息可通过天眼查网站[①]查询。

---

① https://www.tianyancha.com.

2020年四季度废气监督性监测数据													
市	县	企业名称	监测点名称	监测项目名称	项目监测日期	废气实测结果	废气折算结果	取值单位	排放上限	排放下限	是否有评价限值	是否超标	超标倍数
石家庄市	长安区	河北远征药业有限公司	天然气锅炉WNS4-1.25-Q(001)	氮氧化物	2020-10-23	11	14	mg/m³	30		是	否	
石家庄市	长安区	河北远征药业有限公司	天然气锅炉WNS4-1.25-Q(001)	林格曼黑度	2020-10-23	<1	<1	级	1		是	否	
石家庄市	长安区	河北远征药业有限公司	天然气锅炉WNS4-1.25-Q(001)	二氧化硫	2020-10-23	<3	<4	mg/m³	10		是	否	
石家庄市	长安区	石家庄市顺心家私有限公司	面漆房出口	非甲烷总烃	2020-10-14	13.2	13.2	mg/m³	30		是	否	
石家庄市	长安区	石家庄市顺心家私有限公司	面漆房出口	苯	2020-10-23	<0.0015	<0.0015	mg/m³	1		是	否	
石家庄市	长安区	石家庄市顺心家私有限公司	面漆房出口	甲苯与二甲苯合计	2020-10-14	<0.0015	<0.0015	mg/m³	20		是	否	
石家庄市	新华区	石家庄东方热电集团有限公司供热分公司北焦供热站	1#烟囱001(DA001)	氮氧化物	2020-12-10	20	22	mg/m³	30		是	否	
石家庄市	新华区	石家庄东方热电集团有限公司供热分公司北焦供热站	2#烟囱002(DA002)	氮氧化物	2020-12-10	25	25	mg/m³	30		是	否	
石家庄市	新华区	石家庄东方热电集团有限公司供热分公司北焦供热站	1#烟囱001(DA001)	二氧化物	2020-12-10	<3	<3	mg/m³	10		是	否	

图 4－1　河北数据处理前非结构化文件

4.2.2 特征处理

特征处理主要包括特征名称的统一、同类特征的合并。

1. 特征名称的统一

将名称不同但含义相同的特征进行规范，例如：氨、氨气和氨（逃逸），统一命名为氨（NH_3），静海县和静海区按照最新行政规划统一为静海区。

2. 同类特征的合并

对于数据集中具有同一性质的污染物，从类别上进行合并。例如，将颗粒物、粉尘、烟尘、沥青烟等统称为颗粒物，将 TVOC、苯、苯系物、甲苯、二甲苯、非甲烷总烃等合并称为挥发性有机物（VOC），将铅、汞、铬等统称为重金属及其化合物。

4.2.3 数值处理

数值处理包括缺失值处理、特殊数值处理、数据粒度统一、数据分类、数据量纲处理。

1. 缺失值处理

部分企业存在停产或其他未说明的原因存在部分数据缺失，由于这部分数量较少，且对整体数据没有太大影响，故直接删除该条数据。

2. 特殊数值处理

部分企业某排放量为“<某数值”，而非具体数值，因数值过小，与其余数据差距明显，则直接用小值替代。

一家企业同一种污染物可能设置了多个监测点位、多个排气口，排放同种污染物，得到了多个不同数值，但因为测量数据为浓度，不能简单进行叠加，因此对单一企业同一污染物排放数值取平均值。

3. 数据粒度统一

在企业大气污染排放数据中存在半年排放数据、季度排放数据，并给出具体时间。如果我们将这些数据统一为半年数据，数据量太少，无法用于数据挖掘。如果我们将这些数据统一为特定时间的数据，数据的准确性会大大降低。所以“中间”原则是处理这些问题的最佳方法。

为了便于后续数据挖掘和保持准确性，所有数据都被细化或扩展为季度数据。半年排放数据根据其污染排放变化率转换为季度数据。空气质量数据为小时数据，通过求均值法将其统一到季度数据。

4. 数据分类

所采集到的企业类型过于细化，共 492 种企业类型，为便于研究，根据国民经济行业工业划分，将其概括为以下十种类型：

非金属矿物制品业包括：水泥生产制造厂、玻璃制造厂、非金属建筑材料加工制造行业以及非金属矿物挖采行业。

电气机械和器材制造业包括：电气机械和器材制造业、集成电路制造、电子元件制造、计算机通信和其他电子设备制造。

石油加工、炼焦和核燃料加工业包括：石油及制品批发、原油加工、石油制品加工以及炼焦和核燃料加工。

科技推广和应用服务业包括：固体废物治理、研究和试验发展，专业技术服务业，生态保护和环境治理业，废弃资源综合利用业，科技推广和应用服务业，专用设备制造业，居民服务业，其他科技推广和应用服务业。

电力、热力生产和供应业包括：热力和电力的生产和销售，电力、热力生产和供应业，火力发电，热力生产和供应，电力供应。

金属制品业包括：结构性金属制品制造、金属工具制造、集装箱及金属包装容器制造、不锈钢及类似日用金属制品制造等。

黑色金属冶炼和压延加工业是指铁及其合金，如钢、生铁、铁合金、铸铁等的提炼以及压延加工。

有色金属冶炼和压延加工业是指有色金属的提炼以及压延加工。

化学原料和化学制品制造业包括：基础化学原料制造，肥料制造，农药制造，涂料、油墨、颜料及类似产品制造，合成材料制造，专用化学产品制造及日用化学产品制造等。

其他制造业包括：文教、工美、体育和娱乐用品制造业，汽车制造业、汽车整车制造，啤酒制造，农副食品加工业，纺织业，造纸和纸制品业，皮革、毛皮、羽毛及其制品和制鞋业。

5. 数据量纲处理

由于数据中不同特征的量纲不一致，数值间的差别可能很大，不进行处理可能会影响到数据分析的结果，为了消除数据特征之间的量纲影响，对数据进行标准化处理，将所有特征值都统一到一个大致相同的区间内，提升模型的收敛速度，减少精度的损失，以便进行分析。

通过标准化，经过处理的数据的均值为 0，标准差为 1。转换函数如下：

$$x' = \frac{x - \bar{x}}{\sigma} \tag{4-1}$$

式中，x 为原始数据值；$\bar{x}$ 为数据的均值；σ 为数据的标准差；x'为标准化处理后的数据值。

4.3 企业大气排污数据描述性分析

4.3.1 企业数量的描述性分析

除去已经停工停产的企业，共收集到 2013—2019 年京津冀地区排污企业 1 443 家。如图 4 –2 所示，河北作为京津冀的工业重地，聚集了大量的工厂。

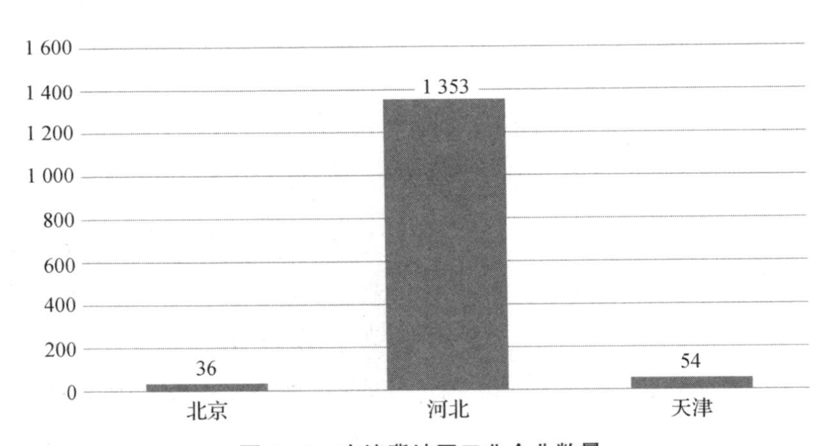

图 4 –2 京津冀地区工业企业数量

按照行政区划进行细分，衡水、唐山、邢台、保定四地是工业企业聚集的重点地区，如图 4 –3 所示。

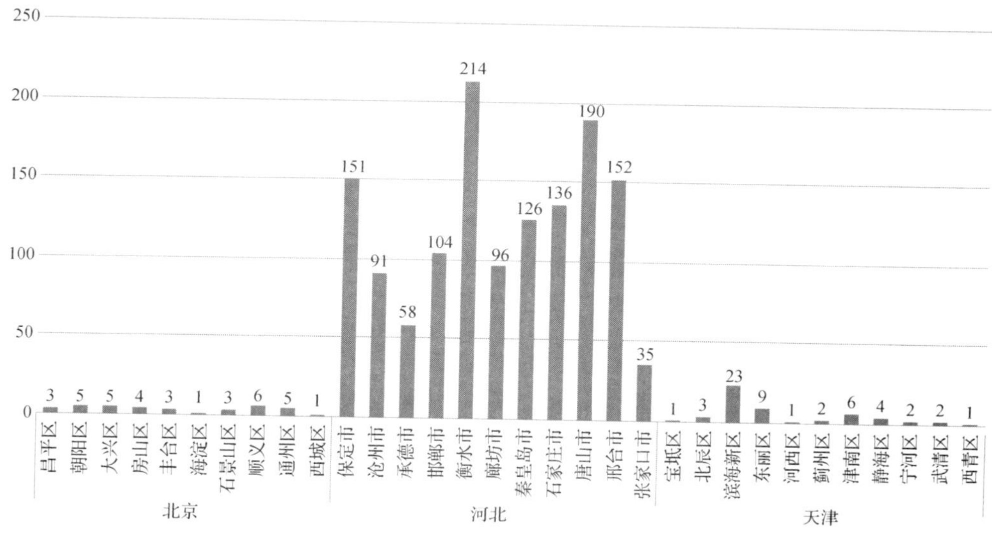

图4－3 京津冀地区工业企业详细数量

4.3.2 企业所属行业的描述性分析

对京津冀工业企业类型进行汇总，可见其他制造业，电力、热力生产和供应业，非金属矿物制品业，黑色金属冶炼和压延加工业，金属制品业占比较高，如图4－4所示。

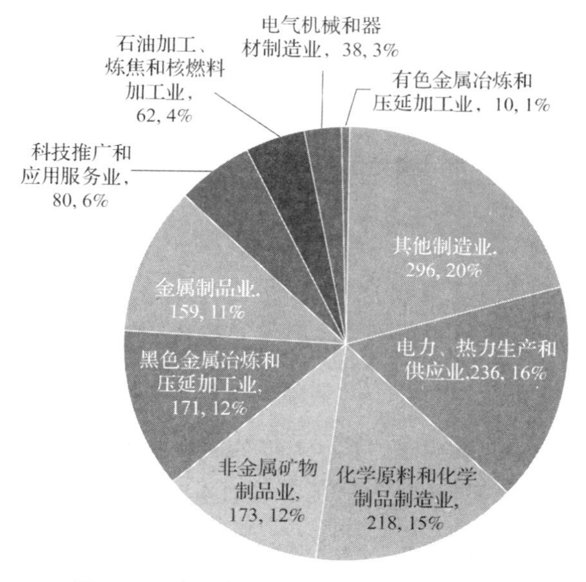

图4－4 京津冀地区工业企业类型比例图

4.3.3 企业大气污染排放的描述性分析

工业企业污染物监测频数如图 4－5 所示，颗粒物、NO_x、SO_2、VOC、重金属及其化合物、NH_3 这 6 类污染物在全部企业中出现次数最多，其余污染物出现次数极低。

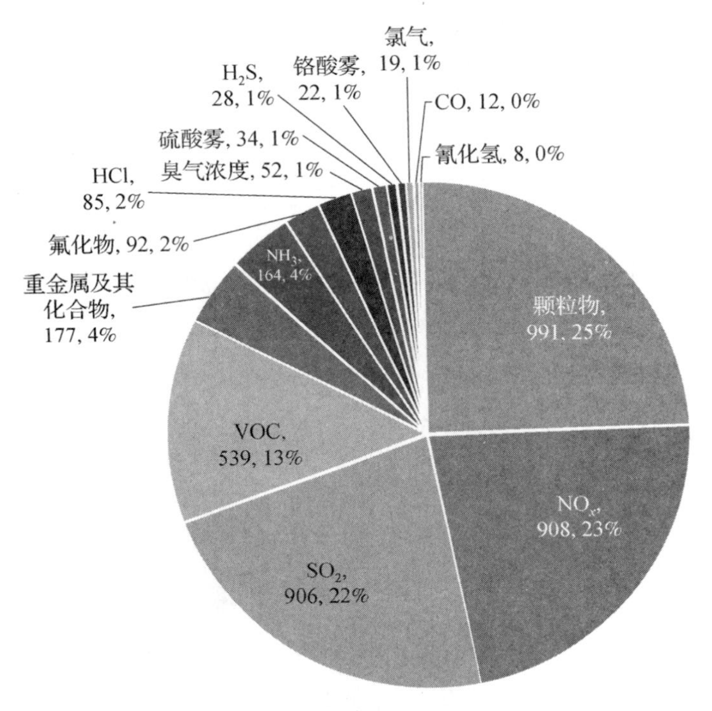

图 4－5 京津冀地区工业企业污染物排放监测频数

SO_2 与 NO_x 均为有害物质，尤其是 NO_x 毒性大，并且不容易扩散，危害性更大。NO_x、SO_2 又是产生颗粒物二次污染的主要来源，且 SO_2、NO_x 和颗粒物这 3 项正是雾霾的主要组成，这也说明了企业污染排放对雾霾形成的贡献不容小视。在北京地区除了企业污染排放外，汽车也是氮氧化物的重要来源。

北京位于华北平原西北边缘，北部环山，被河北所环抱。以北京为中心，从不同方位看不同类型的污染物排放情况，如图 4－6 所示，北京东部、东南部区域的氮氧化物、二氧化硫、颗粒物排放量最为显著。

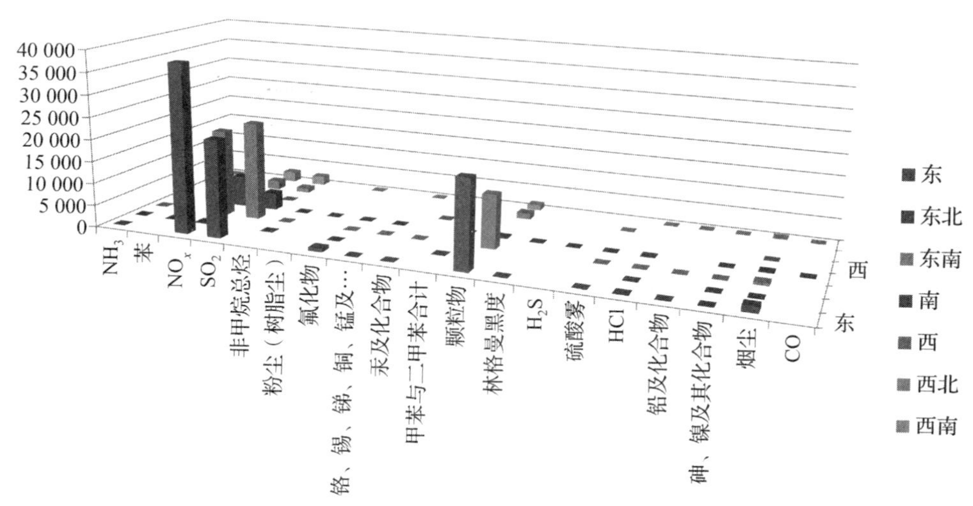

图 4－6　北京不同方位不同污染物的排放量对比（文末附彩插）

第 5 章
大数据驱动下的企业大气排污关联挖掘

本章基于数据之间的关联规则挖掘研究企业排放污染物之间的关联、企业排污所在区县之间的关联，基于特征之间的灰色关联分析方法研究企业排放污染物与企业所属行业之间的关联，基于区域之间的引力模型研究京津冀三地之间的关联。

5.1 面向企业大气排污的关联挖掘方法

5.1.1 数据之间的关联规则挖掘方法

关联规则挖掘（association rule mining）是用于挖掘数据之间的关联，它从逻辑上考察数据同时存在的次数，以及前件存在情况下同时存在次数的占比。对任一规则 $A \rightarrow B$，A 为前件（antecedent），B 为后件（consequent），A 和 B 互斥。规则 $A \rightarrow B$ 形成关联规则，表示为 A 会导致 B，当且仅当式（5 - 1）、式（5 - 2）成立。

$$\text{support}(A \rightarrow B) = P(A \cup B) = \frac{\sigma(A \cup B)}{N} > \min_{\text{sup}} \tag{5-1}$$

$$\text{confident}(A \rightarrow B) = P(B|A) = \frac{P(A \cup B)}{P(A)} = \frac{\sigma(A \cup B)}{\sigma(A)} > \min_{\text{conf}} \tag{5-2}$$

式中，关联规则强度的支持度（support）表示为两个事件同时发生 $A \cup B$ 的概率 $P(A \cup B)/N$，即两个事件同时发生 $A \cup B$ 的次数 $\sigma(A \cup B)$ 在总次数 N 中的占比；

置信度（confidence）是指在前件 A 发生的条件下后件 B 发生的概率 $P(A\cup B)/P(A)$，即两个事件同时发生 $A\cup B$ 的次数 $\sigma(A\cup B)$ 在前件发生次数 $\sigma(A)$ 中的占比。只有支持度大于最小支持度阈值 $\min_{sup}$、置信度大于最小置信度阈值 $\min_{conf}$，规则 $A\rightarrow B$ 才可以称为关联规则。对任一规则而言，置信度一定大于支持度。

因此，给定一个数据集，挖掘关联规则的问题可以转换为寻找满足最小支持度和最小置信度阈值的强关联规则过程，主要包括两步：

（1）生成所有频繁项集，即找出支持度大于等于最小支持度阈值的项集.

（2）生成强关联规则，即找出频繁项集中大于等于最小置信度阈值的关联规则。

关联规则挖掘先验算法基于先验原理，即如果一个项集是非频繁的，则它的所有超集也一定是非频繁的，进行剪枝，提升频繁项集生成效率。

本研究中对于不同污染物之间的关联、不同区县之间的关联都可以使用数据之间的关联规则挖掘方法来完成。

5.1.2　特征之间的灰色关联分析方法

灰色关联分析用于分析不同因素（特征）之间的数值关系。在系统发展过程中，若两个因素（特征）变化的趋势具有一致性，即同步变化程度较高，即可谓二者关联程度较高；反之，则较低。灰色关联分析方法是把因素之间发展趋势的相似或相异程度，亦即“灰色关联度”，作为衡量因素间关联程度的一种方法。具体步骤如下：

1. 确定参考数列和比较数列

参考数列为反映系统行为特征的数据序列，而比较数列为影响系统行为的因素组成的数据序列。在工业所属行业与污染排放之间关联分析中，将某一行业 k 年度的不同污染物排放量平均值作为参考数列 $a_0(k)$，将某一污染物在 k 年度的不同企业排放的平均值作为比较序列 $a_i(k)$。

2. 对参考数列和比较数列进行无量纲化处理

由于系统中各特征的物理意义不同，所以数据的量纲也不一定相同，不便于比较，或在比较时难以得到正确结论。因此在进行灰色关联度分析时，一般都要进行无量纲化的数据处理。

3. 计算参考数列与比较数列的灰色关联系数

灰色关联程度实质上表达的是两个特征数据曲线之间几何形状的差别程度。对于一个参考数列 a_0 有若干个比较数列 a_1，a_2，…，a_n，各比较数列 a_0 与参考数列 a_i 在 k 时刻（即曲线中的点）的关联系数 $\delta_i(k)$ 如式（5－3）。

$$\delta_i(k)=\frac{\min|a_0(k)-a_i(k)|+\max|a_0(k)-a_i(k)|\times\rho}{|a_0(k)-a_i(k)|+\max|a_0(k)-a_i(k)|\times\rho} \tag{5-3}$$

在工业所属行业与污染排放之间关联分析中，$\delta_i(k)$ 表示第 i 类企业，k 年度与该污染物的灰色关联系数，ρ 是分辨系数，$0<\rho<1$。

4. 求关联度

因为关联系数是比较数列与参考数列在各个时刻（即曲线中的各点）的关联程度值，所以它的数不止一个，而信息过于分散不便于进行整体性比较。因此有必要将各个时刻（即曲线中的各点）的关联系数集中为一个值，即求其平均值，作为比较数列与参考数列间关联程度的数量表示，关联度 r_i 如式（5－4）所示：

$$r_i=\frac{1}{N}\sum_{1}^{N}\delta_i(k) \tag{5-4}$$

r_i 是比较数列 a_i 对参考数列 a_0 的灰关联度，或称为序列关联度、平均关联度、线关联度。r_i 值越接近 1，说明相关性越好。

5. 关联度排序

特征之间的关联程度，主要是用关联度的大小次序描述，而不仅是关联度的大小。将多个比较序列对同一参考序列的关联度按大小顺序排列起来，便组成了关联序，记为 $\{a\}$，它反映了对于参考序列来说各比较序列的“优劣”关系。若 $r_i>r_j$，则称 $\{a_i\}$ 对于同一母序列 $\{a_0\}$ 优于 $\{a_j\}$，记为 $\{a_i\}>\{a_j\}$。

5.1.3 区域之间的引力模型

牛顿在 17 世纪提出的万有引力定律，是物体间相互作用的自然科学领域定律。以此为基础，在 1931 年，美国的地理学家赖利以万有引力公式为基础，首次提出了引力模型。引力模型是应用广泛的空间相互作用模型，已被不断拓展应用于贸易、旅游、人口迁移等方面，本研究将其拓展到京津冀地区间的大气污染引力，如式（5－5），不同地区之间的大气污染引力与各个区域的污染物排放量、人口数量、发展规模成正比，与距离成反比。

$$x_{ij}=\alpha_{ij}\frac{\sqrt{P_iC_iG_i}\times\sqrt{P_jC_jG_j}}{D_{ij}^2},\ \alpha_{ij}=\frac{C_i}{C_i+C_j} \tag{5-5}$$

式中，x_{ij}为i区和j区之间污染物排放量的关联关系；C_i、C_j分别表示i区、j区污染物的平均排放量；P_i、P_j分别表示i区、j区的总人口数量；G_i、G_j使用i区、j区的GDP值代表发展规模；α_{ij}表示i区排污量在i，j两区排污中的贡献率；D_{ij}表示i，j两区之间的距离。

5.2　面向企业大气排污的关联挖掘结果及分析

5.2.1　企业排放大气污染物之间的关联规则分析

本部分基于数据之间的关联规则挖掘方法，研究企业排放的大气污染物之间存在的关联规则。本实验设置最小支持度为0.5、置信度为0.7，并对京津冀地区重点监测工业企业排放的大气污染物进行关联规则挖掘。

研究发现北京地区大气污染排放主要集中在电气机械和电子设备制造业企业中，北京市内的大气污染物排放中，汞及其化合物→NO_x、汞及其化合物→SO_2、汞及其化合物→烟尘形成强关联规则，这种规则在北京周边这类企业排放中是不存在的。

北京周边工业企业大气污染物排放中发现了3种重点污染物：NO_x、SO_2与颗粒物。SO_2→NO_x、SO_2→颗粒物、NO_x→颗粒物形成较强的关联规则。

具体到不同类型的工业企业，在北京周边地区的原油加工及石油制品制造业、化学原料和化学制品制造业的大气污染物排放中，发现了烟尘与格林曼黑度在大气污染排放中的作用，烟尘→SO_2、烟尘→NO_x、格林曼黑度→烟尘、格林曼黑度→NO_x、格林曼黑度→颗粒物形成关联规则，图5－1所示为这些关联规则的置信度。从这些关联中可以分析出烟尘与格林曼黑度对雾霾形成的间接贡献，同时也证明了原油加工及石油制品制造业、化学原料和化学制品制造业中污染物排放对雾霾的影响非同小可。

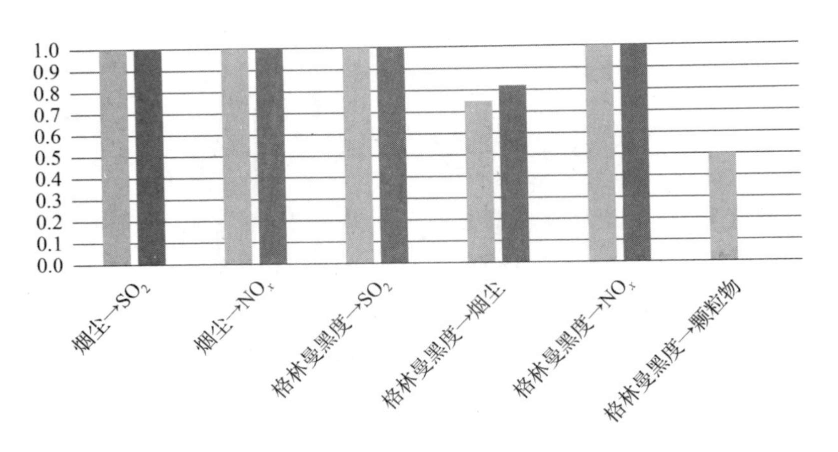

图 5－1　北京周边两类企业其他大气污染物排放的关联规则置信度

在电力热力生产和供应业企业中，特殊的是，如图 5－2 所示，格林曼黑度→氨、烟尘→氨形成关联规则，而氨是一种有毒的、刺激性气体，对人体有极大危害，因此，电力热力生产和供应业企业中格林曼黑度、烟尘的排放应得到重视，它们的排放将关联产生对人体产生巨大危害的污染。

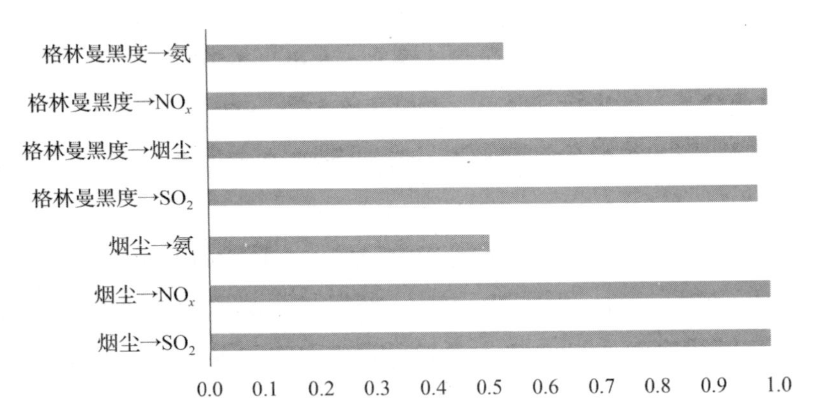

图 5－2　北京周边电力热力生产和供应业大气污染物排放的关联置信度

科技推广和专用技术服务业企业中，铅及化合物产生了污染及关联作用，如图 5－3 所示，铅及化合物→NO_x、铅及化合物→SO_2 形成强关联规则，科技推广和专用技术服务业企业中的铅及化合物排放应得到重视，它对雾霾形成存在间接作用。

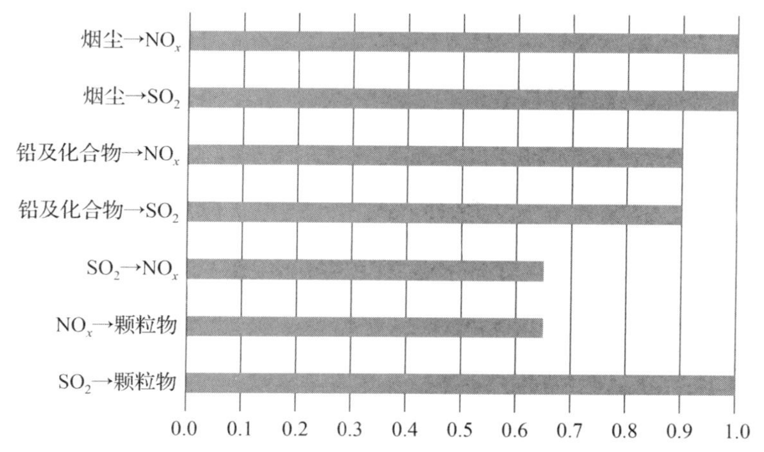

图5－3　北京周边科技推广和专用技术服务业大气污染物排放的关联置信度

5.2.2　面向企业大气排污的不同区县之间的关联规则分析

本部分基于数据之间的关联规则挖掘方法，研究大气污染排放的不同区县之间存在的关联规则。本实验设置最小支持度为0.3、置信度为0.5，并对京津冀地区重点监测工业企业大气污染物排放的地理位置进行关联规则挖掘。

通过数据分析发现，在挖掘得到的频繁项集中，区县氮氧化物排放较高的置信度如图5－4所示，其中桃城区NO_x排放→衡水经济开发区NO_x、井陉县NO_x排放→行唐县NO_x形成关联规则。

桃城区是衡水市内的城区，衡水经济开发区位于衡水市的郊区，是与桃城区地理位置临界的区域，说明对衡水市来说城区内的大气污染对郊区的影响较大；行唐县位于石家庄市的北部，井陉县位于石家庄市西部，有趣的是两县并不临界却产生了较强的关联，两县之间之所以产生强关联，原因可能为：一方面是这两个县排放NO_x的工业企业较多，排放次数较多；另一方面可能是其他因素的影响，比如气象条件。

另外，本研究对频繁项中高置信度的地区进行分析，发现高置信度区域依次是石家庄市、唐山市、秦皇岛市和承德市。说明，在北京周边地区中这些区域的工业企业生产活动中，一方面，这些地区工业企业NO_x排放得较多；另一方面，这些地区生产制造的频率及活跃度也相对较高。对京津冀联动防控，应重视这些地方工业企业的影响并着重加强管理。

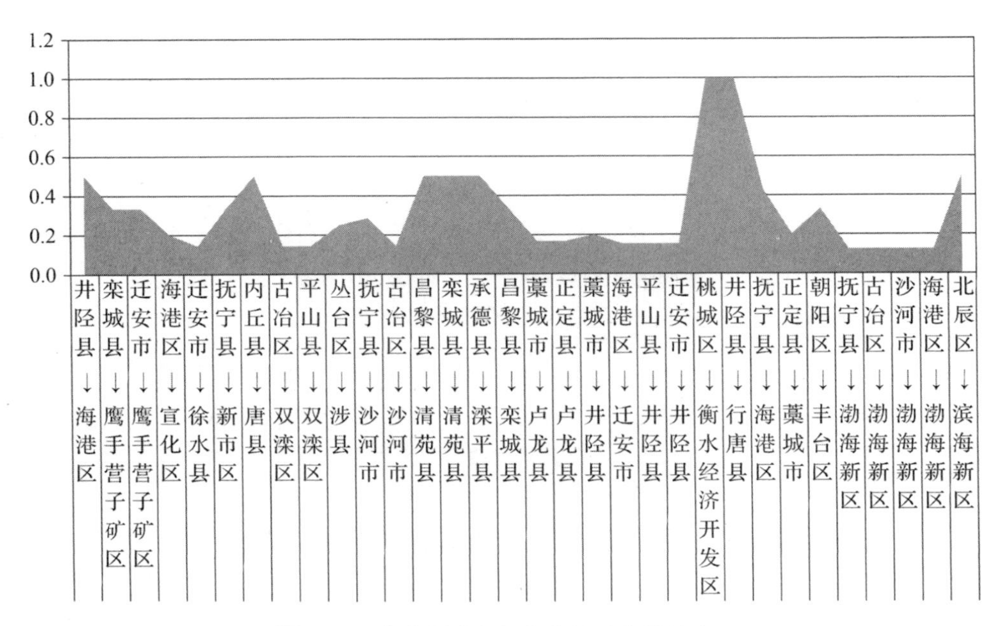

图 5－4 北京周边氮氧化物排放高置信度区

5.2.3 企业大气排污与所属行业之间的灰色关联分析

按照企业性质对京津冀地区所有的工业企业进行（所属行业）分类，即电力、热力生产和供应业，电气机械和器材制造业，非金属矿物制造业，黑色金属冶炼和延压加工业，化学原料与化学制品制造业，金属制品业，科技推广与应用服务业，其他制造业，原油加工及石油制品制造工业，有色金属冶炼和延压加工业 10 种类型的企业。

基于灰色关联分析，将京津冀作为一个整体分别研究不同企业行业与 NO_x、SO_2 污染物排放间的关联度，结果如表 5－1 所示。

表 5－1 不同企业行业与污染物间的关联度

企业类型	NO_x	SO_2
电力、热力生产和供应业	0.69	0.69
电气机械和器材制造业	0.60	0.65
非金属矿物制造业	0.60	0.62

续表

企业类型	NO_x	SO_2
黑色金属冶炼和延压加工业	0. 69	0. 66
化学原料与化学制品制造业	0. 64	0. 64
金属制品业	0. 69	0. 64
科技推广与应用服务业	0. 62	0. 61
其他制造业	0. 58	0. 65
原油加工及石油制品制造工业	0. 61	0. 58
有色金属冶炼和延压加工业	0. 69	0. 63

对于京津冀的 NO_x 排放，按照行业的灰色关联度，排序为｛电力、热力生产和供应业，黑色金属冶炼和延压加工业，金属制品业，有色金属冶炼和延压加工业｝>｛化学原料与化学制品制造业｝>｛科技推广与应用服务业｝>｛原油加工及石油制品制造工业｝>｛电气机械和器材制造业，非金属矿物制造业｝>｛其他制造业｝。

对于京津冀 SO_2 排放，按照行业的灰色关联度，排序为｛电力、热力生产和供应业｝>｛黑色金属冶炼和延压加工业｝>｛其他制造业，电气机械和器材制造业｝>｛化学原料与化学制品制造业，金属制品业｝>｛非金属矿物制造业｝>｛有色金属冶炼和延压加工业｝>｛科技推广与应用服务业｝>｛原油加工及石油制品制造工业｝。

可见，电力、热力生产和供应业不论是对 NO_x 还是 SO_2 都有最高的关联度，冶炼和延压加类的工业与 NO_x、SO_2 的关联普遍较高，说明这两个工业企业类型的排污量一旦发生显著变化，对京津冀总体的排污趋势影响将最大。

5. 2. 4　面向企业大气排污的省市之间的引力关联分析

基于区域之间的引力模型，本部分分析了京津冀三地之间的引力关系。结果显示，北京与河北的空间关联度最高，其次是天津和河北的空间关联度，北京和天津的空间关联度最低。综合来看，河北省排污引力最大，这与近年来工业企业的聚集有很大关系。

5.3 总结

本章从企业大气排污的角度，采用数据之间的关联规则方法、特征之间的灰色关联分析方法、区域之间的引力模型，对排放的大气污染物之间、不同区县之间、污染物与所属行业之间、不同省市之间的关联进行了研究与分析。结果表明：

（1）北京市内的大气污染物排放中，汞及其化合物→NO_x、汞及其化合物→SO_2、汞及其化合物→烟尘形成强关联规则，因此就北京地区而言，应重视电气机械和电子设备制造业企业中汞及其化合物的排放。北京周边地区 SO_2→NO_x、SO_2→颗粒物、NO_x→颗粒物形成关联规则，因 SO_2、NO_x 以及颗粒物污染排放与雾霾的形成息息相关，说明北京周边工业企业对北京雾霾的形成不容忽视。

（2）从企业 NO_x 排放所在地区或国家之间的关联规律来看，置信度和支持度较高的工业企业均位于河北，衡水和石家庄附近的县之间的关联大，河北省桃城区 NO_x 排放→衡水经济开发区 NO_x、井陉县 NO_x 排放→行唐县 NO_x 形成关联规则。这些结果表明，这些地区的空气污染扩散不佳，积累严重。建议尽量调整工业企业的地理分布，避免企业在河北省集中，特别是在衡水和石家庄。

（3）在企业所属行业中，电力、热力生产和供应业对 NO_x 和 SO_2 的关联最大，制造业的关联度相对较小。这类企业需要加强废气的脱硫脱硝处理，特别是在城市供热方面，加快区域集中供热建设，提高效率，减少污染物排放。

（4）北京与河北的空间引力关联度最高，其次是天津和河北的引力关联度，北京和天津的空间引力关联度最低，同时验证了河北污染排放对北京大气污染的贡献。

第 6 章
大数据驱动下的企业大气排污聚类分析

通过对京津冀三地工业企业大气排污的统计分析发现，NO_x、SO_2、VOC、颗粒物、重金属及其化合物、NH_3 这六类污染物在全部企业中出现次数最多，故本章对各个企业排放的六类污染物进行聚类分析。

6.1 企业大气排污的聚类方法

6.1.1 基于距离的聚类算法

6.1.1.1 聚类数目的确定

为了确定最优聚类数量，采用基于误差平方和平方误差总和（sum of square error，SEE）的手肘法来判断，如式（6－1）。当聚类数量 c 小于真实聚类数时，c 的增大会大幅增加每个类中的聚合程度，即 SSE 的下降幅度会很大，而当 c 到达真实聚类数时，再增加 c 值所得聚合程度会迅速变小，此时 SSE 的下降幅度会骤减，即随着 c 值的继续增大而趋于平缓。因此，SSE 值和聚类数量 c 的关系图形成一个手肘形状，这个肘部对应的 c 正是真实聚类数。

$$SSE = \sum_{i=1}^{c} \sum_{u \in C_i} (m_i - x_u)^2 \tag{6-1}$$

式中，c 代表聚类个数；C_i 代表聚类结果中的第 i 个簇；u 代表 C_i 中的一个样本点；x_u 代表该样本 u 的取值；m_i 代表 C_i 的质心即 C_i 中所有样本点的均值。m_i 之所以选择所有样本点的均值，我们通过对质心 m_i 求偏导得到：

$$\frac{\partial SSE}{\partial m_i} = \frac{\partial}{\partial m_i}\sum_{i=1}^{K}\sum_{u\in C_i}(m_i - x_u)^2 = \sum_{i=1}^{K}\sum_{u\in C_i}\frac{\partial}{\partial m_i}(m_i - x_u)^2 = \sum_{u\in C_i}2(m_i - x_u)。$$

该偏导越小越好，故使该偏导值为零，得到 m_i 为所有样本点的均值。

$$\sum_{u\in C_i}2(m_i - x_u) = 0 \Rightarrow m_i|C_i| = \sum_{u\in C_i}x_u \Rightarrow m_i = \frac{1}{|C_i|}\sum_{u\in C_i}x_u$$

也就是说，质心选择为样本的均值是最好的。

6.1.1.2 *K* - means 算法

K - means 算法是基于相似性的无监督的算法，它通过比较样本之间距离，衡量样本之间的相似性，将较为相似的样本划分到同一个类别中。这里采用欧氏距离公式（6 - 2），计算样本之间的相似度。

$$d(i,j) = \sqrt{\sum_{k=1}^{K}(x_{ik} - x_{jk})^2} \tag{6-2}$$

其中，$d(i,j)$ 衡量的是样本点 $x_i = \{x_{i1},\cdots,x_{ik},\cdots x_{iK}\}$ 与样本点 $x_j = \{x_{j1},\cdots,x_{jk},\cdots x_{jK}\}$ 之间的距离，每个样本点是一个 $K=6$ 维向量。距离越小，说明两个样本点之间越相似；反之则表明两个样本点的分离度越大。

由于企业大气排污数据集维度较高，而 *K* - means 算法具有流程简单、处理非常高效、伸缩性较好等优势，本研究选择基于距离的 *K* - means 算法对企业大气污染排放数据进行聚类，显示出不同企业大气污染排放的相似性与差异性。

具体步骤为：

第一步：读取数据集，选择要聚类使用的数据。

第二步：基于肘部法即式（6 - 1）确定最佳分组数 k。

第三步：从数据集中随机选择 k 个值作为数据中心，即 k 个初始质心点。

第四步：使用欧氏距离（6 - 2）计算数据集中的每个数据对于当前 k 个质心之间的距离，将该数据加入与其距离最近的质心所在的簇，重复这样的动作，直到每个数据都被划入簇中。计算每个簇中数据的均值，作为新的 k 个质心点。

第五步：使用新的质心点，再次计算其他数值与质心的距离并重新进行归类、更新质心点。

第六步：重复迭代，直到中心点不再变化，完成聚类。

6.1.1.3 聚类评价

本研究采用轮廓系数、CH 指数判断聚类效果。

轮廓系数综合考虑了内聚度和分离度两种因素，旨在将某个对象与自己的簇的相似程度和与其他簇的相似程度作比较，取值范围为 [-1, 1]，值越大，聚类效果越好。

轮廓系数如式（6-3），具体计算为：

$$S(i)=\frac{b(i)-a(i)}{\max\{a(i),b(i)\}} \tag{6-3}$$

（1）计算样本 i 到同簇其他样本的平均距离 $a(i)$。$a(i)$ 越小，说明样本 i 越应该被聚类到该簇。将 $a(i)$ 称为样本 i 的簇内不相似度。簇 C 中所有样本的 $a(i)$ 均值称为簇 C 的簇不相似度。

（2）计算样本 i 到其他某簇的所有样本的平均距离 $b(i)$，称为样本 i 与其他簇的不相似度。

（3）根据样本 i 的簇内不相似度 $a(i)$ 和簇间不相似度 $b(i)$，定义样本 i 的轮廓系数。

CH 指数是另一种聚类评价方法，它的运算速度远高于轮廓系数。内部数据的协方差越小，簇（类别）之间的协方差越大，CH 指数越高，说明聚类效果越好。

$$\mathrm{CH}(k)=\frac{\mathrm{tr}B(k)/(k-1)}{\mathrm{tr}W(k)/(n-k)} \tag{6-4}$$

式中，n 表示训练样本集数目；k 表示簇（类别）数；$B(k)$ 为簇（类别）之间的协方差矩阵；$W(k)$ 为簇（类别）内部数据的协方差矩阵；tr 表示矩阵的迹。

6.1.2 基于层次的聚类算法

层次聚类法又被称作系统聚类法，根据聚类过程不同，又分为分解法和凝聚法。其中 Agglomerative 算法就是凝聚法的一种，自下而上将数据集从各成一组最终聚为一类。

对于企业大气排污数据，由于预先无法知道应该分成几类，那么这种不需要预先设置类的数量的 Agglomerative 算法则没有这方面的问题。

层次聚类的核心是确定簇与簇之间相似度，这里的相似度可由簇间距离来确定，有如下几种距离计算方式：

（1）最小距离：称为最近邻距离，将簇 c_1 和簇 c_2 之间的距离定义为两簇之间最近的成员之间的距离，如式（6－5）。

$$D(c_1, c_2) = \min_{x_1 \in c_1, x_2 \in c_2} D(x_1, x_2) \tag{6-5}$$

（2）最大距离：也称为最远邻距离，将簇 c_1 和簇 c_2 之间的距离定义为两簇之间最远的成员之间的距离，如式（6－6）。

$$D(c_1, c_2) = \max_{x_1 \in c_1, x_2 \in c_2} D(x_1, x_2) \tag{6-6}$$

（3）平均距离：将簇 c_1 和簇 c_2 之间的距离定义为两簇之间所有成员之间的平均距离，如式（6－7）。

$$D(c_1, c_2) = \frac{1}{|c_1|} \frac{1}{|c_2|} \sum_{x_1 \in c_1} \sum_{x_2 \in c_2} D(x_1, x_2) \tag{6-7}$$

（4）Ward 离差平方和距离：选择簇 c_1 和簇 c_2 合并后增量最小的那个作为两簇之间的距离，如式（6－8）。

$$D(c_1, c_2) = \sum_{x \in c_1 \cup c_2} D(x, \mu_{c_1 \cup c_2})^2 \tag{6-8}$$

式中，x 表示合并前两个簇中所有点；$\mu_{c_1 \cup c_2}$ 是合并后那个新簇的中心点（均值点）；$D(x, \mu_{c_1 \cup c_2})$ 表示点 x 到中心点的距离。

Ward 方法又称为离差平方和。对于每个簇，它首先计算簇内所有样本的均值，然后计算每个样本到簇均值点的欧氏距离，最后计算所有欧式距离之和。Ward 方法表示的两个簇之间的距离与两簇合并后的 ESS 距离是相等的，推导过程如下：

$$\begin{aligned} D(c_1, c_2) &= E[(X - E[X])^2] \\ &= E[X^2 - 2XE[X] + (E[X])^2] \\ &= E[X^2] - 2E[X]E[X] + (E[X])^2 \\ &= E[X^2] - (E[X])^2 = \text{ESS} \end{aligned}$$

其原理步骤如下：

第一步：读取数据集，选择要聚类的数据，首先把每个数据看作一个聚类，即如果数据集中有 n 个数据点，它就有 n 个聚类。

第二步：根据选择的相似度规则将其中最相近的两个簇合并。

第三步：重复第二步，直到到达树顶，即最后只有一个包含所有数据点的聚类。

本次研究采用Ward离差平方和距离方法。这是一种方差最小化的优化方向。

6.1.3　基于密度的聚类算法

DBSCAN是一种非常著名的基于密度的聚类算法。直观效果上看，DBSCAN算法可以找到样本点的全部密集区域，并把这些密集区域当作一个一个的聚类簇。

基于密度的聚类方法中的密度是指在指定半径（eps）内的点数，它的基本原理是基于该点数进行聚类，包括三类点：

（1）如果点在eps内具有多于指定数量的点（MinPts）则点是核心点，这些是在簇内部的点。

（2）边界点在eps内点数少于MinPts，但在核心点附近。

（3）噪声点是不是核心点或边界点的任何点。

针对企业大气排污数据，这种算法可以识别出离群值，将其标为噪声，同时也不用预先设定需要划分的簇的个数。具体步骤如下：

第一步：读取数据集，选择要聚类数据。设定聚类半径eps，以任意未访问过的起始数据点为核心点，并对该核心点进行扩充，任何和核心点的距离小于该值的点都是它的相邻点。

第二步：设定聚类最小满足点数MinPts，如果核心点附近有足够数量的点，则开始聚类，且选中的核心点会成为该聚类的第一个点。如果附近的点数达不到最小满足点数MinPts，那算法会把它标记为噪声。在这两种情形下，选中的点都会被标记为“已访问”。

第三步：聚类开始，将以该点出发的所有密度相连的数据点划分进同一聚类。然后再把这些新点作为核心点，向周围拓展距离，并把符合条件的点继续纳入这个聚类中。

第四步：重复第二、三步，直到附近没有可以扩充的数据点为止，即簇的邻域内所有点都已被标记为“已访问”。

第五步：完成聚类后，检索未访问过的点，将其标记为属于一个聚类或是噪声。

6.2 企业大气排污聚类结果与分析

6.2.1 企业大气排污聚类结果

工业企业大气排污的聚类数量 c 依次取 1 ~ 9，根据聚类原理中的肘部法则，可判断该数据集进行聚类最优数量为 6。以 $c=6$ 为参数，采用三种聚类方法（基于划分的 K - means、基于层次的 Agglomerative、基于密度的 DBSCAN（eps = 0.5、min_samples = 3））分别进行聚类。采用 TSNE 降维方法进行聚类结果的可视化，它将高维空间中原始数据的分布降维到二维空间中，如图 6 - 1 所示。

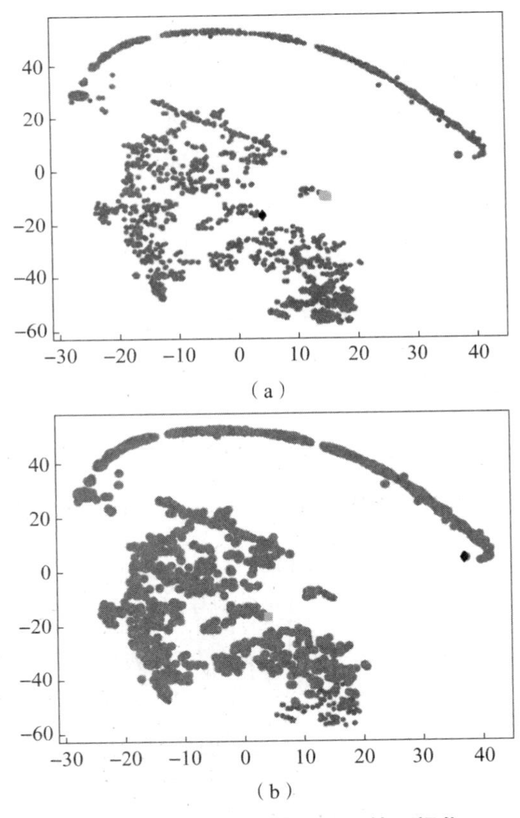

图 6 - 1　三种聚类算法结果的可视化

（a）K - means 可视化；（b）Agglomerative 可视化

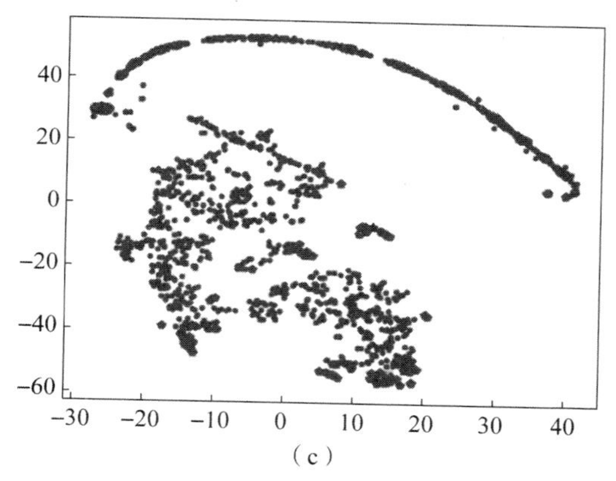

(c)

图6-1 三种聚类算法结果的可视化(续)

(c)DBSCAN可视化

可视化结果显示大部分数据聚为两类，零星分布的离群点自成一类。

最后运用轮廓系数和CH系数对三类聚类算法进行评价，结果如表6-1所示，可见，*K*-means算法对京津冀大气排污聚类结果是最好的。

表6-1 三种聚类方法评估结果

聚类方法	轮廓系数	CH指数
K-means	0.672 5	566.065
Agglomerative	0.656 1	358.386
DBSCAN	0.519 5	46.300

6.2.2 企业大气排污的聚类分析

按照聚类结果将工业企业分为6个集群，统计结果如图6-2所示，以下对这6个集群进行分析。

如图6-2所示，第0类企业分布广泛，覆盖京津冀三地，其中河北衡水、唐山、保定、邢台等地工业企业最为密集。该类企业所属行业复杂，其中企业数量最多的属于轻工业及手工业为主的其他制造业，其余企业中占比较多的为化工、电热、钢铁等行业。第0类总体排污情况良好，主要污染物为NO_x。

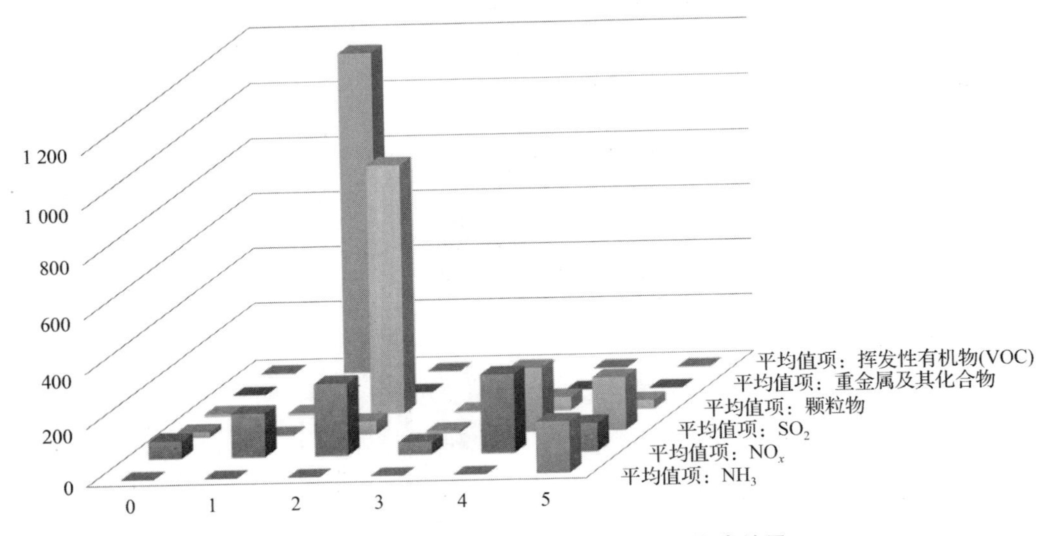

图 6－2　京津冀地区工业企业大气排污聚类结果

第 1 类企业为河北 ** 能源技术开发有限公司。该企业属于原油加工及石油制品制造工业，VOC 排放浓度异常。大部分 VOC 不仅具有刺激性气味，而且是产生 O_3 的重要物质。它属于异常点。

第 2 类企业为河北 ** 生物发电有限责任公司，属于电力、热力生产和供应业，NO_x 排放浓度高、颗粒物排放浓度异常。这两种污染物是空气质量中的主要污染物。它属于异常点。

第 3 类企业共四家，分别是河北 ** 公司唐山分公司、天津 ** 公司和北京 ** 公司，均属于高耗能高污染行业，这些企业重金属及其化合物的排放浓度相较其他企业偏高。

第 4 类企业分布于河北、天津两地，其中仅河北唐山、邯郸、邢台就占据了半数，以电热行业为主，其次是钢铁和非金属行业。这类企业 NO_x 和 SO_2 排放浓度高。

第 5 类企业是河北 ** 化工有限责任公司，属于化学原料和化学制品制造业，该企业 NH_3 排放浓度异常，SO_2 排放浓度过高。NH_3 会与空气中的 SO_2 反应形成颗粒状物质。它属于异常点。

6.3　总结

借助 K-means、Agglomerative、DBSCAN 三种聚类方法，对各个企业的污染物排放情况进行聚类、对比，采用轮廓系数和 CH 系数来评价聚类结果，由此选出最佳的聚类结果，并通过 TSNE 实现聚类结果的可视化。根据聚类结果对企业类型和地区进行异常集群分析。

研究结果表明，京津冀工业企业有三类企业存在某一污染物排放异常，主要位于衡水、唐山、保定、邢台等地。对个别污染物排放高情况，监管部门应加强对这些地区的管理，对上述三家异常企业应责令停产。还有一类企业出现污染物排放过高的情况，企业应注意这一情况并及时调整，应对废气排放设备进行升级，加装除尘设备和净化设备。

第三部分

上市公司的污染排放数据分析与评估

第7章 上市公司污染排放大数据

本章介绍的上市公司污染排放大数据主要来自上市公司年报非结构化数据，对年报数据进行提取、筛选、补缺、标准化等处理后再后续分析。

7.1 上市公司污染排放数据的来源与采集

本部分所采用的上市公司污染排放大数据主要来自巨潮资讯网①、CSMAR数据库②、EPS（Economy Prediction System）全球统计数据/分析平台③。具体采集步骤如下：

第一步，从CSMAR数据库上获取所有非金融上市公司A股代码。

第二步，通过巨潮资讯网获得每个上市公司的年报数据。

第三步，从上市公司年度报告（文本）中提取披露的污染排放数据。

第四步，从上市公司年度报告（文本）中提取财务报表数据。

本次数据包括一万多家上市企业2009—2020年期间的污染排放数据与财务绩效数据，所属行业包括火力发电、钢铁、水泥、电解铝企业、煤炭、冶金业、化工厂、石油化工、装饰建筑、造纸业、酿制、制药业、发酵工程、纺织、制革和采掘业等16个行业。

---

① http://www.cninfo.com.cn/new/index

② https://cn.gtadata.com/

③ https://www.epsnet.com.cn/index.html#/Index

污染排放数据可分为水污染与大气污染两类，其中大气污染指标包括 SO_2、NO_x、烟粉尘等，水污染指标包括化学需氧量（COD）、废水等。财务绩效数据包括资产负债率、流动比率、总体风险净资产收益率、净资产收益率、净利润率、营业利润率、投资收益率等。

7.2 上市公司污染排放数据的处理

7.2.1 数据筛选与统一

（1）公司属性筛选。

在这些上市公司中，包括“属于环境保护部门公布的重点排污单位”和“不属于环境部门公布的重点排污单位”两类，本部分筛选出属于环境部门公布的重点排污单位作为研究对象。

（2）监测时段筛选。

由于2017年新环境保护法出台，更多的公司被环境部门纳入重点排污单位，而在2016年之前（包括2016年）的数据缺失，以2017年作为研究的起始点。

（3）污染单位统一。

在数据搜集过程中，各上市公司年报披露污染排放数据单位未统一，对其kg、mg等单位进行转换统一。

（4）污染指标合并。

部分上市公司披露烟粉尘排放量为合并数据，部分上市公司分开披露烟尘、粉尘两项指标数据，需将两项指标进行合并。

7.2.2 数据补缺

由于目前对公司年报污染排放数据披露没有统一标准，属于自愿披露行为，故存在部分上市公司污染指标排放数据披露不全面的情况，存在污染指标数据空值较多且部分空值较为聚集的情况，这种情况不适合使用拉格朗日插值法等方法进行数据补缺。本书采用均值插值法及增长率插值法两种方法。

（1）均值插值法。

某上市公司 2017 年及 2019 年披露了某污染指标排放数据，而 2018 年的数据可能因为部分原因未进行披露，则将 2018 年该污染指标排放数据取为 2017 年及 2019 年数据的均值，以此来减小误差。

（2）增长率插值法。

某上市公司 2017 年、2018 年、2020 年披露了某污染指标排放数据，而 2019 年未对该项指标排污数据进行披露，采用增长率插值法对 2019 年数据进行填补，首先计算出 2017 年至 2018 年的增长率，再利用 2018 年的数据乘以增长率算出 2018 年至 2019 年的增长量，最后将 2018 年数据与增长量相加得到 2019 年的数据。类似同理。

第8章 环境规制对上市公司污染排放的影响

本章采用双重差分模型和倾向性匹配得分作为分析方法，以2019年广东省人民政府发布实施的《广东省大气污染防治条例》[①] 发布实施的日期为时间节点，研究其实施前后，对该地区的上市重点排污单位企业的污染排放的影响。

8.1 环境规制与企业污染排放影响的分析方法

8.1.1 动态效应检验

动态趋势检验是引入有限个时间虚拟变量，并将其与处理组虚拟变量依次互乘，考察互乘项的显著性。动态效应检验不仅考察事前，也关注事后组别之间的差异，如果交互项显著，说明实施该政策存在一定的持续性效果，如图8－1所示。

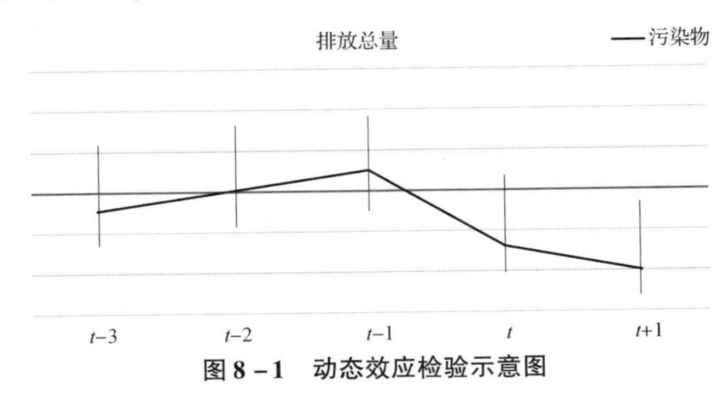

图8－1 动态效应检验示意图

① http://gdee.gd.gov.cn/.［2018－12－12］.

8.1.2　双重差分模型

双重差分模型（differences - in - differences，DID）[90-92]是基于一个反事实的框架来评估政策发生和不发生这两种情况下被观测因素 y 的变化，如果一个外生的政策冲击将样本分为两组——受政策干预的处理组和未受到政策干预的对照组，且在政策冲击前，处理组和对照组没有显著的差异，可以将对照组在政策前后 y 的变化看作处理组未受政策冲击时的状况。通过比较处理组 y 的变化以及对照组 y 的变化，得到政策的冲击效果。

具体基准双重差分模型公式（8 - 1）如下：

$$y_{it} = \delta_0 + \delta_1 \text{ treat}_{it} + \delta_2 \text{ time}_{it} + \delta_3 \text{ treat}_{it} \times \text{time}_{it} + \text{control} + \varepsilon_{it} \tag{8-1}$$

其中：

$$\text{treat}_{it} = \begin{cases} 0，\text{个体 } i \text{ 没有受到政策冲击（对照组）} \\ 1，\text{个体 } i \text{ 受到政策冲击（处理组）} \end{cases}$$

$$\text{time}_{it} = \begin{cases} 0，\text{政策实施之前} \\ 1，\text{政策实施之后} \end{cases}$$

treat 为分组虚拟变量，若个体 i 受政策实施的冲击，则个体属于处理组，对应的 treat 取值为 1；若个体 i 不受政策实施的冲击，则个体 i 属于对照组，对应的 treat 取值为 0。

time 为政策实施虚拟变量，政策实施之前取值为 0，政策实施之后取值为 1。treat × time 为分组虚拟变量与政策实施虚拟变量的交互项，其系数 δ_3 反映了政策实施的净效应，也就是处理组政策实施前后的变化减去对照组政策实施前后的变化，其净效应图形描述如图 8 - 2 所示。

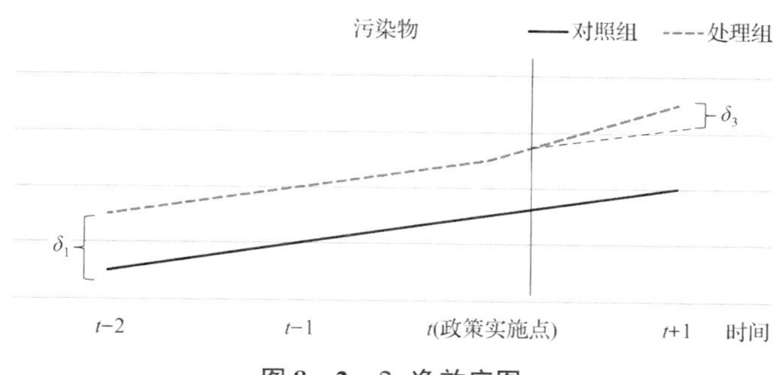

图 8 - 2　δ_3 净效应图

8.2 环境规制与企业污染排放影响研究及结果分析

《广东省大气污染防治条例》中明确规定生产经营者应当执行国家和省规定的大气污染物排放标准和技术规范，从源头、生产过程及末端选用污染防治技术，防止、减少大气污染，并对所造成的损害依法承担责任，因此，本研究假设2019年3月1日实施的《广东省大气污染防治条例》是能够对广东省企业污染排放具有抑制作用的。

8.2.1 污染物与规制指标的选取

本部分研究以广东省2019年3月1日实施的《广东省大气污染防治条例》和广东省企业为研究对象。所涉及的变量如下。

被解释变量：以企业污染排放总量作为被解释变量 y。政策在2019年开始实施，如果污染物排放总量降低，表明政策有效。

解释变量：在广东省内的所有重点排污监管单位为1，省外的单位企业为0。省内企业污染排放在2019年之前的标记为0，在2019年及之后的标记为1。

控制变量：加权净资产收益率和企业资产。为了确保实验结果的真实，保证实验结果只受政策的影响，对影响企业因素加以控制。

模型中所涉及的变量符号说明如表8－1所示。

表8－1 变量符号说明

变量	名称	符号
被解释变量	COD排放量（取对数）	emission1
	SO_2排放量（取对数）	emission2
	NO_x排放量（取对数）	emission3
	烟粉尘排放量（取对数）	emission4
解释变量	是否处于广东地区	time
	政策是否实施	treat
控制变量	加权净资产收益率	roe
	企业总资产	size

8.2.2　动态效应检验分析

从表8－2、图8－3和图8－4中可看出实施政策之前的2017年（before2）、2018年（before1）、政策实施的2019年（current）以及政策实施后的2020年（after1）的作用影响。从实施政策的前后对比来看，除了SO_2的结果不显著之外，COD、NO_x和烟粉尘的排放总量明显为负，说明该政策有效，以上三种污染物通过了动态效应检验。

表8－2　动态效应检验

变量	(1) emission1	(2) emission2	(3) emission3	(4) emission4
time	−0.034 2 (−0.38)	−0.094 3 (−0.95)	−0.250 9** (−2.39)	0.107 2 (0.93)
treat	0.311 9 (0.76)	−0.628 4 (−0.83)	1.119 4** (2.12)	0.730 3* (1.69)
roe	−0.052 8*** (−3.51)	0.007 8 (0.96)	−0.024 2 (−1.40)	0.082 1*** (8.08)
size	0.015 0 (1.24)	0.000 0 (0.00)	0.023 2* (1.65)	−0.047 4*** (−3.42)
before2	0.092 9 (0.22)	0.798 6 (1.04)	−0.514 4 (−0.93)	−0.347 9 (−0.77)
before1	−0.147 1 (−0.35)	0.662 9 (0.86)	−0.723 8 (−1.34)	−0.489 8 (−1.10)
current	−0.376 0 (−0.88)	0.696 3 (0.91)	−1.118 5** (−2.04)	−1.049 4** (−2.30)
after1	−0.989 6* (−2.14)	0.613 0 (0.78)	−0.976 5* (−1.70)	−0.280 8 (−0.57)
cons	2.826 6*** (10.25)	2.805 2*** (9.13)	2.902 4*** (9.03)	3.037 2*** (9.85)

续表

变量	(1) emission1	(2) emission2	(3) emission3	(4) emission4
N	4 461	4 461	4 461	4 461
F	4.749	0.536	5.666	12.776
r_2	0.006 1	0.000 7	0.007 9	0.006 0

（***：$p<0.01$，**：$p<0.05$，*：$p<0.1$。其中*越多说明结果越显著。）

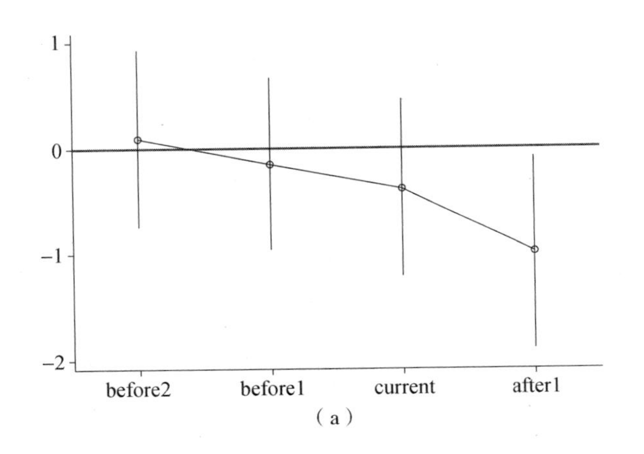

（a）

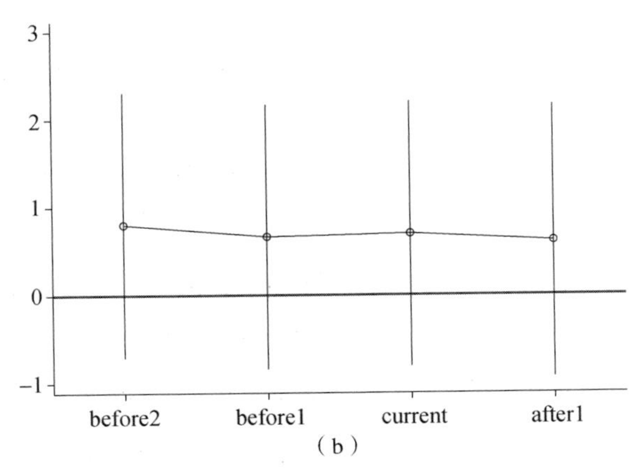

（b）

图 8-3 COD、SO_2 动态效应检验图

（a）COD；（b）SO_2

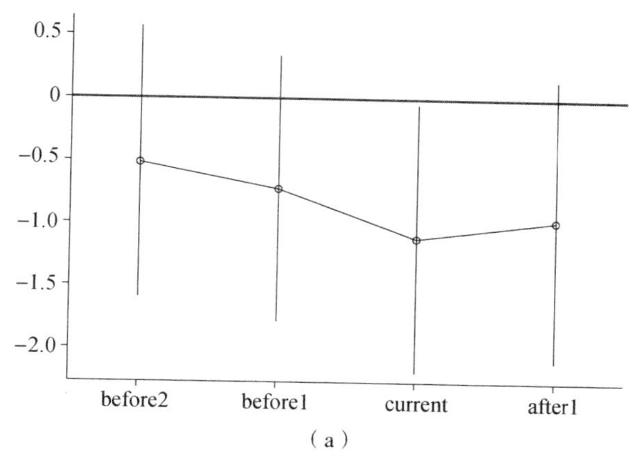

（a）

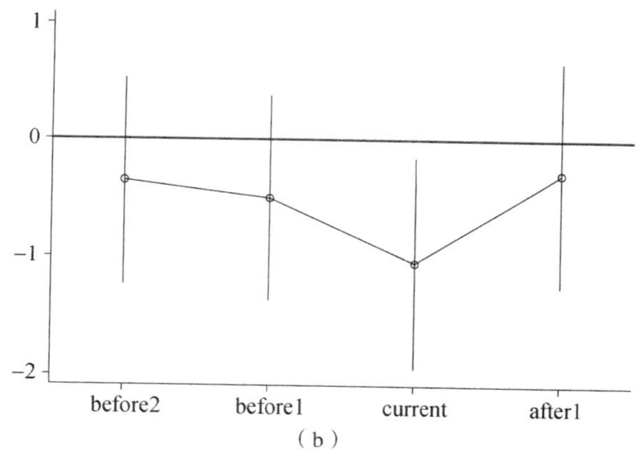

（b）

图 8 – 4　NO_x、烟粉尘动态效应检验图

（a）NO_x；（b）烟粉尘

8.2.3　双重差分模型结果

由于 SO_2 的检验结果不显著，这部分仅对 COD、NO_x 和烟粉尘进行双重差分，回归结果如表 8 – 3 所示。

表 8 – 3　双重差分回归结果

变量	(1) emission1	(3) emission3	(4) emission4
time_treat	−0.448 1*** (−2.97)	−0.475 7*** (−2.66)	−0.447 9** (−2.43)

续表

变量	(1) emission1	(3) emission3	(4) emission4
time	0. 482 7 * (1. 85)	0. 022 2 (0. 07)	1. 242 8 *** (3. 39)
treat	0. 238 2 ** (2. 38)	0. 494 7 *** (3. 99)	0. 284 8 ** (2. 24)
roe	-0. 054 1 *** (-3. 46)	-0. 025 3 (-1. 50)	0. 080 7 *** (8. 29)
size	0. 013 6 (1. 12)	0. 017 3 (1. 22)	-0. 052 4 *** (-3. 76)
cons	2. 329 6 *** (6. 47)	3. 147 3 *** (7. 33)	2. 663 6 *** (5. 82)
year	Yes	Yes	Yes
N	4 461	4 461	4 461
F	4. 700	6. 522	16. 078
r_2	0. 005 6	0. 009 8	0. 010 8

从表中可以看出，COD、NO_x 和烟粉尘的总排放量的 time_treat 值为负数，说明政策的实施有效抑制这三个污染物的排放。但是对于 SO_2 的抑制效果不明显。

8.3 结论

研究发现，《广东省大气污染防治条例》的实施在监管企业排污方面起到了积极的作用。该条例的实施有效地遏制了 3 个主要污染物的排放量，保护了广东省的大气环境质量。然而，在针对 SO_2 的排放控制上，该条例的抑制效果并不如预期般显著，仍存在一定的提升空间。

基于本章的研究和分析，我们提出以下两点监管建议。首先，针对当前年报制度中存在的问题，特别是污染数据空缺的现象，应尽快完善相关制度。这不仅要求年报的编制人员加强数据的收集和整理工作，还需要相关部门加强审核和监管，确保年报数据的真实性和完整性，从而进一步提高年报的质量。其次，建议加强政策实施的持续性。环境治理是一项长期而艰巨的任务，需要政策法规的持续、稳定实施。只有持续不断地强化监管，才能使企业在面对严格的法规时自觉遵守，进而实现环境治理的目标。

第9章 上市公司污染排放的评价研究

本章基于熵权法对COD、SO_2、NO_x、废水、烟粉尘等环境污染因素进行权重计算，运用综合评价法得到全国上市公司污染状况的得分，用以评价上市公司的环境污染程度。

9.1 基于熵权的上市公司污染程度综合评价

9.1.1 指标体系的确立

本次数据最终总结出上市公司披露较多且重点的污染指标作为参考标准，其中包括水污染主要排放物指标：废水排放量、COD排放量；大气污染物主要排放指标：NO_x 排放量、SO_2 排放量和烟粉尘排放量。建立的上市公司环境污染程度评价的指标体系如图9-1所示。

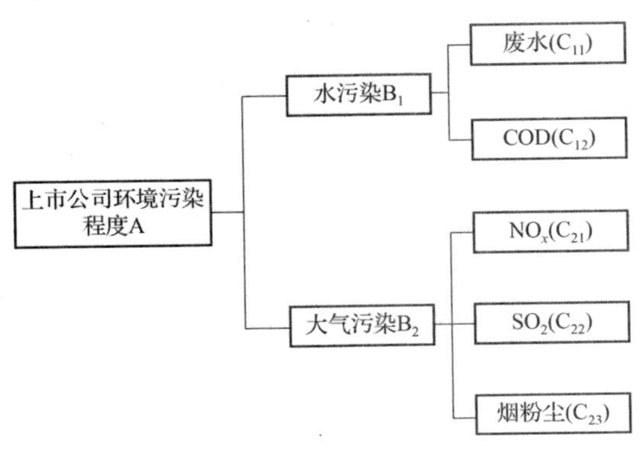

图9-1 上市公司环境污染程度评价的指标体系

9.1.2　基于熵权的综合评价方法

本研究采用熵权法对各污染指标的权重进行计算，找到各污染指标对环境污染影响程度的大小，再计算出每个上市公司所有指标对环境污染的综合得分，进而分析出全国上市公司对环境污染程度的严重性。具体步骤如下：

（1）求取概率矩阵 p_{ij}。

概率矩阵是计算第 i 项指标下第 j 个样本所占的比重p_{ij}，并将它作用于信息熵计算中的概率。见式（9－1）：

$$p_{ij} = \frac{z_{ij}}{\sum_{i=1}^{n} z_{ij}} \tag{9-1}$$

式中，z_{ij}为数据经过标准化、平移处理后的非负矩阵；n 为指标样本个数。

（2）计算各指标信息熵及信息效用值。

熵是描述事物无序性的参数，熵值越大则混乱程度越大，信息量就越小。一般 e_i 的值越接近1，则表示熵权法的使用越科学。计算信息熵公式如式（9－2）：

$$e_i = -\frac{1}{\ln n}\sum_{j=1}^{n}(p_{ij}\ln p_{ij}) \tag{9-2}$$

定义 g_i 为信息效用值，当信息效用值越大，则已有信息量就越多。计算信息效用值公式见式（9－3）：

$$g_i = 1 - e_i \tag{9-3}$$

（3）求取各污染指标权重。

指标 i 权重的计算公式见式（9－4）：

$$w_i = \frac{g_i}{\sum_{i=1}^{m} g_i} \tag{9-4}$$

计算出各污染指标权重结果后，可以将所有指标权重相加，看相加结果是否等于1，如果相加结果为1，则说明上述计算步骤未出现问题；反之，需重新对各步骤计算结果进行检查，找出错因。这步作为对权重的计算结果进行检验。

综合评价可以系统地、规范地对多个指标、多个企业进行评价，第 j 个企业的综合得分为 S_j，计算公式见式（9－5）。将综合得分作为最终衡量各评价对象优劣的指标，并通过对综合得分进行排名，得出各上市公司对环境污染的程度排名。

$$S_j = \sum_{i=1}^{m} w_i \cdot p_{ij} \tag{9-5}$$

9.2 2017年上市公司环境污染程度分析与评价

根据熵权法计算得到2017年全国上市公司污染排放指标的权重，如表9-1所示。其中，NO_x 权重最大，其次为 SO_2，最小权重是COD的。

表9-1 2017年各污染指标权重值

指标	COD	SO_2	NO_x	废水	烟粉尘
权重	0.099 431 941	0.234 240 678	0.348 616 115	0.172 332 083	0.145 379 184

表9-2为2017年各上市公司的污染程度综合得分降序排名，由各上市公司的综合得分来看，华*湘*在2017年上市公司环境污染程度综合得分中为最高分，其次为华*涟*，第三名为太**锈。前四名得分在0.02分之上，其余上市公司综合得分均低于0.02分。综合得分排名最低的公司为大**技，其次为欧**公司、南**公司，三者都属于高新科技型企业，综合得分低、差距小。

表9-2 2017年上市公司污染程度评价综合得分

公司	年份	综合评分
华*湘*	2017	0.036 417 507 3
华*涟*	2017	0.031 322 808 0
太**锈	2017	0.028 251 046 1
山**公司	2017	0.022 584 962 0
福**公司	2017	0.018 426 838 8
新**份	2017	0.018 283 480 5
…	…	…
长**公司	2017	0.000 415 744 0

续表

公司	年份	综合评分
长 ** 东	2017	0.000 415 743 0
南 ** 公司	2017	0.000 415 740 4
欧 ** 公司	2017	0.000 415 740 1
大 ** 技	2017	0.000 415 740 0

9.2.1　综合评分前三名的上市公司污染程度分析与评价

1. 华 * 湘 *

综合评分最高的华 * 湘 * 公司主营业务为生铁、钢坯、钢材、焦炭及副产品生产、销售；冶金机械、设备制造、销售。该公司对环境造成危害的主要污染物为 SO_2、NO_x 及烟粉尘。最为严重的污染排放物为 SO_2，年排放总量达到了 11 245 t；其次为 NO_x，年排放总量达到了 8 478 t。二者都是形成酸雨的罪魁祸首。位居第三的是烟粉尘，共有 6 348 t 排放量；排放总量最少的为 COD，约 486 t；无废水排放。

SO_2 与 NO_x 两类废气都主要在烧结、球团过程中产生。SO_2 的排放浓度为 120 mg/m^3，NO_x 的排放浓度为 240 mg/m^3。烟粉尘在炼铁、炼钢、烧结、球团、焦化过程中产生，炼铁、炼钢、焦化过程中浓度为 14 ~ 16 mg/m^3，烧结、球团过程中排放浓度为 42 mg/m^3。COD 的排放浓度为 22 mg/L，由炼铁工艺产生。以上排放均低于排放标准。

该公司虽 2017 年实施和完成了 1 ~4 号焦炉装煤除尘项目、燃料场防风抑尘网项目、1#转炉湿改干项目、焦化煤场雨水收集处理项目等，但污染程度仍为最高。

2. 华 * 涟 *

综合污染评价排名第二的华 * 涟 *，主营业务为钢材、钢坯、生铁及其他黑色金属产品的生产经营及热轧超薄带钢卷、冷轧板卷、镀锌板及相关产品的经营，2017 年共产生营业收入 317 亿元。

该公司与华 * 湘 * 为同类子公司，产生的四类污染物质相同，排放总量均低于华＊湘＊，SO_2 的年总排放量约为 9 285 t，NO_x 排放总量为 7 304 t，烟粉尘的排放总量约为 5 737 t，COD 排放总量为 196 t，无废水排放。

SO_2、NO_x 两类废气产生的工艺过程都为烧结、焦化。SO_2 排放口排放浓度分别为 110 mg/m^3、30 mg/m^3，NO_x 排放浓度分别为 210 mg/m^3、300 mg/m^3，个别排放口排放浓度高于华＊湘＊；烟粉尘各冶炼工艺排放浓度均略低于华＊湘＊。COD 由工业污水处理站排放，浓度为 30 mg/L，排放标准为 50 mg/L。各污染指标均未存在超标排放情况。

该公司对中和场、原料场、皮带通廊等处进行了围挡、封闭工程，有效控制了物料堆存、转运过程中烟粉尘的无组织排放，且进一步规范化整治了废水排放口。

3. 太 ** 锈

综合污染评价排名第三的太 ** 锈主要从事不锈钢及其他钢材、钢坯、钢锭、黑色金属、铁合金、金属制品的生产、销售业务，与前两家企业性质类似。2017 年实现经营活动现金净流入 108. 86 亿元。

与前两名企业不同的是，该公司只对大气产生了污染，而 COD 及废水都未有排放。形成的三类污染物是由炼焦、炼铁、烧结、炼钢及发电工序产生的，它的 NO_x 排放总量约为 10 851 t，是前三名企业中排放总量最多的企业；SO_2 排放总量约 2 621 t，远低于前两名企业；烟粉尘排放总量约为 5 525 t，低于前两名企业排放总量。

该公司焦炉系统通过引入全封闭储煤罐和焦炉煤气脱硫脱氰技术，有效减少了废气污染；烧结烟气则运用先进的“活性炭移动层＋喷氨”脱硫脱硝装置，显著提升了脱硫效果，大幅降低了 SO_2 的排放。同时，焦炉废水经过传统的 A2O 与生物酶生化工艺处理后，被高效利用于高炉冲渣，实现废水不外排；烧结、炼铁、炼钢、轧钢系统产生的废水也经过深度处理后回用于生产，实现了水资源的循环利用。

9. 2. 2 综合评分后三名的上市公司污染程度分析与评价

评分最低的公司为大 ** 技，其次为南 ** 公司与欧 ** 公司。大 ** 技主营业务是移动通信基站射频产品、智能终端产品、汽车零部件的研发、生产和销售。

南 ** 公司与欧 ** 公司主营为光学光电和智能汽车方面业务。三家公司均为技术服务类行业，该类行业主要为运用现代科技知识、现代技术和分析研究方法，以及经验、信息等要素向社会提供智力服务的新兴产业，因此对环境伤害性小。

三家公司均仅存在少量的 COD 排放，无其他污染物产生，对环境危害程度极小。

9.3　2018 年上市公司环境污染程度分析与评价

根据熵权法计算得到2018 年全国上市公司污染排放指标的权重，如表 9 – 3 所示。与 2017 年相比，COD 与 NO_x 比重均有所下降，SO_2 权重有明显增加，废水与烟粉尘保持在稳定水平。

表 9 – 3　2018 年各污染指标权重值

指标	COD	SO_2	NO_x	废水	烟粉尘
权重	0.077 926 938	0.281 413 354	0.323 074 261	0.172 142 006	0.145 443 441

由表 9 – 4 可知，2018 年污染综合评分最高分为武 ** 公司，是唯一综合得分在 0.03 之上的公司；华 * 湘 * 和华 * 涟 * 污染情况仍较严重，但华 * 涟 * 本次得分超过了华 * 湘 * 。本次得分排名后三家的企业分别是深 ** 公司、康 ** 业、东莞 ** 公司，三家企业评分差距微小。

表 9 – 4　2018 年上市公司污染程度评价综合得分

公司	年份	综合评分
武 ** 公司	2018	0.030 817 888 87
华 * 涟 *	2018	0.023 840 733 94
华 * 湘 *	2018	0.023 007 013 19
英 ** 公司	2018	0.022 403 368 56
太 ** 锈	2018	0.018 139 918 71
宝 ** 基地	2018	0.018 091 372 59

续表

公司	年份	综合评分
…	…	…
安 ** 益	2018	0.000 182 858 86
东华 ** 公司	2018	0.000 182 858 81
东莞 ** 公司	2018	0.000 182 858 76
康 ** 业	2018	0.000 182 858 65
深 ** 公司	2018	0.000 182 858 62

9.3.1 综合评分前三名的上市公司污染程度分析与评价

1. 武 ** 公司

该公司主要经营范围为冶金产品及副产品、钢铁延伸产品制造等，本年度实现营业收入 714.7 亿元。

该公司主要排放污染物为大气污染物，其中排放量最大的为 NO_x，达到了 16 929 t/年；其次为 SO_2，年排放量为 6 750 t；第三名依旧为烟粉尘，年排放量为 5 048 t。三个大气污染物均由炼铁、炼钢、轧钢工艺过程排放，同时也有 795 t COD 产生。各污染物排放均符合国家规定的污染物排放限值。

在此期间，该公司推进了炼铁脱硫治理项目，实现了烧结烟气全脱硫，完成了 SO_2 减排治理。

2. 华 * 涟 * 与华 * 湘 *

两家公司在 2017 年就为污染程度评分前三名，2018 年仍位于前列，本年度华 * 湘 * 的营业收入达到了 395 亿元，华 * 涟 * 的营业收入达到了 390 亿元，营业收入差距明显缩小。

两家污染物排放情况，华 * 涟 * 比华 * 湘 * 的烟粉尘排放量多出了约 3 400 t，为排放量差距最大的一项污染指标；两家公司的 NO_x 与 COD 排放量较为接近，华 * 湘 * 的 SO_2 排放量较华 * 涟 * 多出约 1 462 t。其中，华 * 湘 * 的各污染物排放浓度与 2017 年相比均有不同幅度下降，华 * 涟 * 各污染物排放浓度与2017年相同，均未有超标排放。

两家公司在2018年都完成了烧结脱硫、焦炉烟气脱硫脱硝工程；华*湘*建设完成的烧结烟气全脱硫项目，年减排烟粉尘450 t、减排SO_2 1 500 t；而华*涟*的除尘、封闭改造等措施对烟粉尘的排放管控未见太大成效。

9.3.2　综合评分后三名的上市公司污染程度分析与评价

1. 深**公司

该公司主导环保产业经营，将工业废物收集处置及综合利用。工业废水通过生化处理系统及膜处理达标后外排或进入市政污水厂。焚烧烟气通过SNCR脱硝、半干法脱酸等新工艺技术有效地去除和减少有害气体。最终公司只有0.000 056 t的COD排放，对工业废物进行了极大限度的有效处理。

2. 康**业

该公司主要从事儿童药的研发、生产与销售业务。该公司仅有少量水污染物排放，并设有污水处理站，经处理达标后排入市政污水管网，产生COD排放量为0.003 6 t/年。

3. 东莞**公司

该公司其主要产业为工业危险废物处理，与深**公司具有相同废物处理设施及技术，最终仅有0.018 t COD排放。

9.4　2019年上市公司环境污染程度分析与评价

根据熵权法计算得到2019年全国上市公司污染排放指标的权重，如表9-5所示。NO_x仍为污染指标权重最高值，COD为权重最小值。但与2018年相比，COD及NO_x权重值有略微提高，SO_2、废水与烟粉尘权重值略微降低，权重值整体变化不大，趋于平稳。

表9-5　2019年各污染指标权重值

指标	COD	SO_2	NO_x	废水	烟粉尘
权重	0.088 442 391	0.279 673 088	0.324 128 743	0.170 227 168	0.137 528 609

由表 9－6 可见，2019 年污染综合评分前三名与 2018 年相同，武 ** 公司与华 * 涟 * 的评分差距缩小，华 * 涟 * 与华 * 湘 * 的评分差距增大；三家公司评分和比重增大。评分后三名分别依次为康 ** 业、大 ** 技、云 ** 泉。

表 9－6　2019 年上市公司污染程度评价综合评分

公司	年份	综合评分
武 ** 公司	2019	0. 030 611 355 2
华 * 涟 *	2019	0. 026 644 021 7
华 * 湘 *	2019	0. 024 353 742 3
英 ** 公司	2019	0. 017 903 691 2
宝 ** 基地	2019	0. 017 534 571 7
新 ** 股份	2019	0. 015 264 694 2
…	…	…
东 ** 公司	2019	0. 000 149 842 63
安 ** 公司	2019	0. 000 149 842 60
云 ** 泉	2019	0. 000 149 842 57
大 ** 技	2019	0. 000 149 842 29
康 ** 业	2019	0. 000 149 842 22

9.4.1　综合评分前三名的上市公司污染程度分析与评价

1. 武 ** 公司

该公司 2018 年与 2019 年的污染数据对比如图 9－2 所示，可以看出，除 SO_2 外，其余主要的三项污染指标排放数量均有所下降，废水依旧没有排放，总体污染物排放数量趋势下降。2019 年期间，该公司重点实施了炼铁厂环保改造工程、焦炉烟气净化装置增设项目、四烧烟气脱硫脱硝项目、一烧结新增烟气脱硝装置项目，以及钢轧区污废水截污管网建设项目和新增生化废水处理工程等，经过这些整改措施的实施，整体环保项目取得了显著成效。

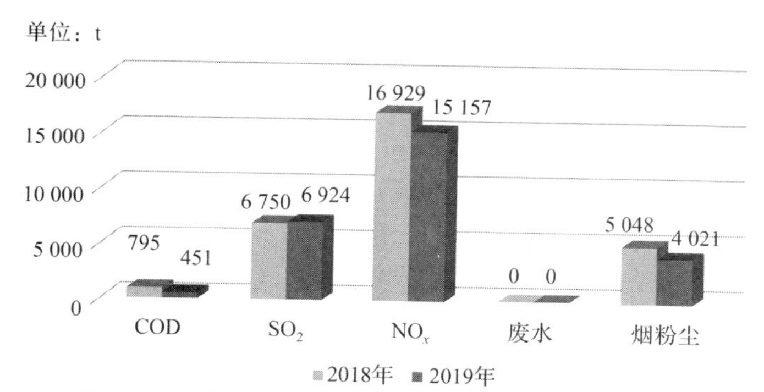

图 9－2 武 ** 公司 2018 年与 2019 年排污数据对比

2. 华＊涟＊与华＊湘＊

通过图 9－3 及图 9－4 可知，与 2018 年相比，华＊涟＊所排放的污染物中，大多数污染物排放均有所增加；而华＊湘＊除烟粉尘排放量大幅增加，其余污染指标排放均有所下降。两家公司建设实施烧结机超低排放、焦炉烟气脱硫脱硝、除尘系统改造及原料场封闭建设项目，完善了污染物在线监控系统，减少了 SO_2、NO_x、烟粉尘等废气的排放及废水中污染物的浓度。

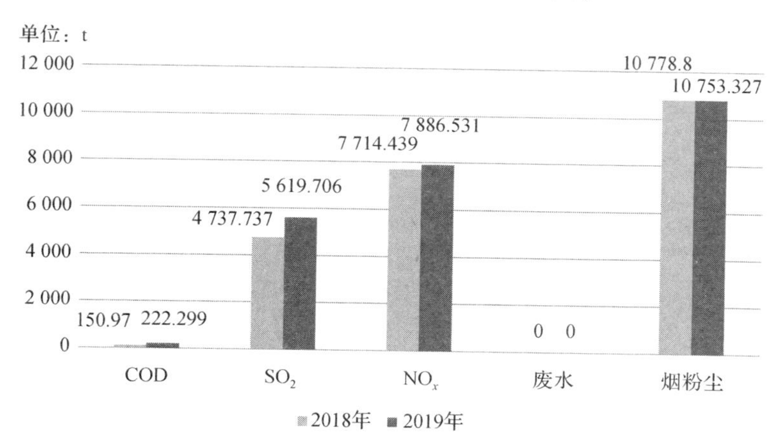

图 9－3 华＊涟＊2018 年与 2019 年排污数据

9.4.2 综合评分后三名的上市公司污染程度分析与评价

大 ** 技与深 ** 公司分别在 2017 年和 2018 年为污染程度较低的公司。2019 年中，康 ** 业为污染程度最低的公司，大 ** 技评分为第二。污染程度较低排名第三的是云 ** 泉，其为从事乳制品及含乳饮料的研发、生产和销售的企业。三家企业同样只有少量的 COD 排放，仅造成了轻微的水污染。

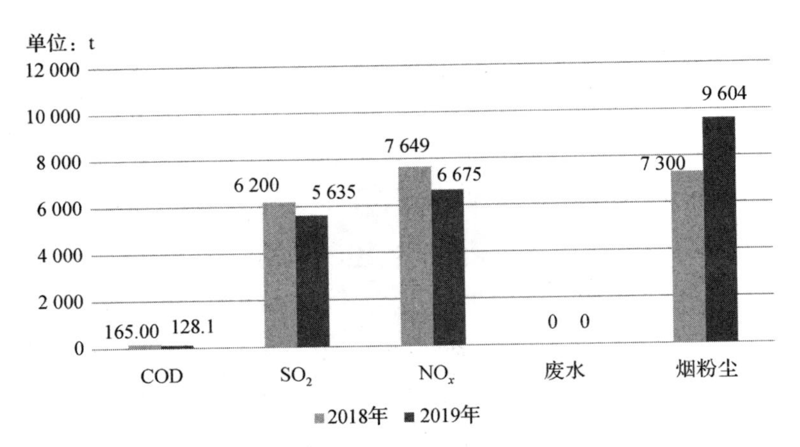

图 9－4　华＊湘＊2018 年与 2019 年排污数据

9.5　2020 年上市公司环境污染程度分析与评价

根据熵权法计算得到 2020 年全国上市公司污染排放指标的权重，如表 9－7 所示。与 2019 年（表 9－5）相比有较大幅度变化，其中 COD 权重变化值最大，约升高 0.15，烟粉尘权重值上升约 0.02；其余污染指标权重值均为下降趋势，SO_2 权重值降低约 0.09，为下降程度最大的污染指标。

表 9－7　2020 年各污染指标权重值

指标	COD	SO_2	NO_x	废水	烟粉尘
权重	0.235 344	0.191 813	0.285 44	0.128 126	0.159 277

由表 9－8 可知，2020 年污染程度最严重的为英 ** 公司，该公司在 2018 年及 2019 年中都获得了污染程度评分第四名；评分第二、三名依次为武 ** 公司和华＊涟＊；与 2019 年相同，污染程度最低的企业仍为康 ** 业；其次为四 ** 公司与联 ** 密公司。

表 9－8　2020 年上市公司污染程度评价综合得分

公司	年份	综合评分
英 ** 公司	2020	0.042 746 114
武 ** 公司	2020	0.039 938 08

续表

公司	年份	综合评分
华*涟*	2020	0.038 951 893
华*湘*	2020	0.037 635 207
广**公司	2020	0.018 400 494
中**公司	2020	0.016 683 578
…	…	…
北**公司	2020	0.000 612 51
东**公司	2020	0.000 612 496
联**密公司	2020	0.000 612 489
四**公司	2020	0.000 612 422
康**业	2020	0.000 612 417

9.5.1　综合评分前三名的上市公司污染程度分析与评价

1. 英**公司

该公司是将含铅废物回收与利用的上市公司，主要产品再生铅是由收集的废铅酸蓄电池经破碎分选后筛选出来的板栅等投入富氧侧吹炉熔炼产出的粗铅，收集的含铅物料经过配料后投入固硫还原熔炼炉，经过熔炼产出粗铅、冰铜。2020年该公司合计回收废铅酸蓄电池25 200.383 2 t，产出粗铅14 641.733 t，同比下降6.23%；产出精铅20 361.368 t，同比增长135.90%。

公司所排放污染物主要为大气污染物，2020年共排放SO_2 8 422.2 t，NO_x 13 720.9 t及烟粉尘2 910.221 t。生产废水全部经废水处理站处理后循环使用，不外排；冶炼生产过程中产生的废气，经布袋收尘后，通过气动乳化脱硫后达标排放。所有污染物未有超标排放情况。

2. 武**公司

如图9-5所示，将该公司2019年与2020年污染物排放数据进行对比，只有COD排放量较去年升高了50 t，其余污染指标排放量均有下降。

2020 年该公司共受到环保行政处罚 3 次，为过程管控不到位等原因造成的热能电站锅炉出口 SO_2 超标异常，后高度重视并强化过程管控，积极落实整改，SO_2 并未超标排放。

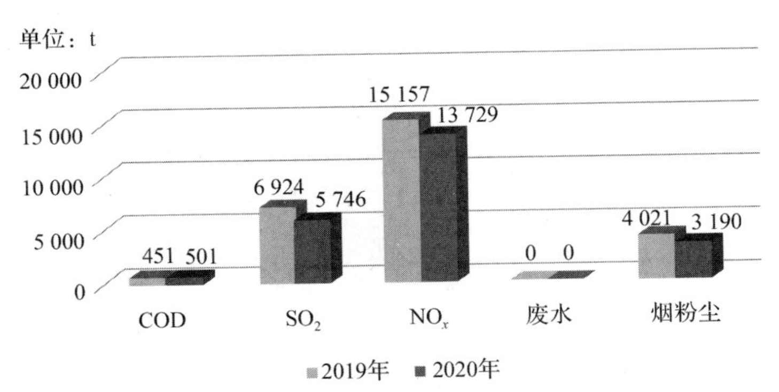

图 9－5 武 ** 公司 2019 年与 2020 年排污数据

期间，该公司完成了焦化皮带通廊及转运站封闭改造工程、冷轧厂 202 酸再生机组烟气净化系统改造等工程。防污建设有成效，2018—2020 年，NO_x 及烟粉尘排放量一直处于下降趋势。

3. 华 * 涟 *

如图 9－6 所示，该公司 2020 年烟粉尘排放量较 2019 年增加约 544 t，其余污染物排放量都略微下降。2020 年该公司完工了焦化厂尾气治理项目、棒磨干法处理钢渣生产线项目等污染治理项目，削减了各类污染物的排放量，进一步改善了区域环境。

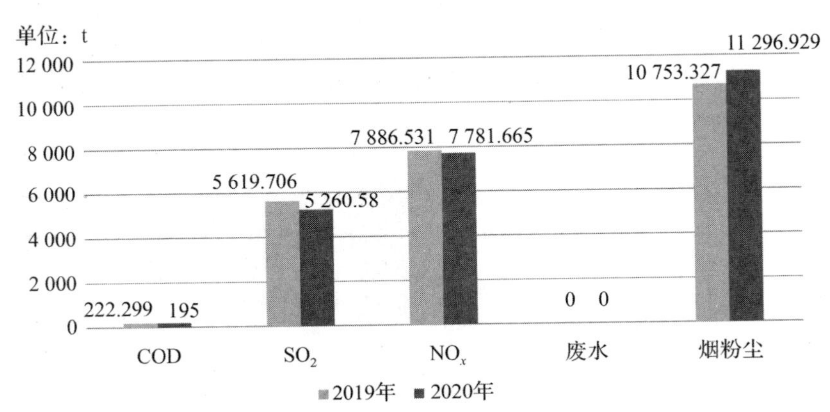

图 9－6 华 * 涟 * 2019 年与 2020 年排污数据

9.5.2　综合评分后三名的上市公司污染程度分析与评价

康 ** 业为污染程度最低的企业，COD 排放量与 2019 年相同，工业污水同样经处理达标后排入市政污水管网。

四 ** 公司是以高端核心装备研制与保障、高性能第二代/第三代集成电路设计与制造、航空工程技术与服务为主营业务的三位一体的高科技企业，是我国第一家民营航空装备研制与技术服务公司。公司执行污水综合排放标准，年废水排放量仅有 0.22 t。

联 ** 密公司主要从事各种精密机械零部件的研发设计、生产和销售。公司设有完整的废气、废水处理方案，配备全套污染治理设施，委外或自行维护，2020 年公司仅排放烟粉尘 0.067 3 t。

9.6　各污染指标评分综合评价

1. 2017—2020 年上市公司各污染指标总评分

由表 9 - 9 可知，总体平均而言，全国上市公司污染程度最严重的指标为 NO_x，其次为 SO_2，第三名为废水。从发展趋势来看，NO_x、SO_2、废水的影响呈下降趋势，而 COD、烟粉尘呈上升趋势，且 COD 于 2020 年跃至第二位。

表 9 - 9　2017—2020 年各污染指标权重

年份＼指标	COD	SO_2	NO_x	废水	烟粉尘
2017	0.098 3	0.234 6	0.350 3	0.172 0	0.144 8
2018	0.078 0	0.281 4	0.323 1	0.172 1	0.145 4
2019	0.088 0	0.279 7	0.324 1	0.170 2	0.137 5
2020	0.235 3	0.191 8	0.285 4	0.128 1	0.159 3

2. 2017—2020 年上市公司不同污染的评分

在指标体系中，分别对水污染和大气污染进行评分，如表 9 - 10 所示。

表 9－10　2017—2020 年上市公司不同污染的评分

年份	水污染评分	大气污染评分
2017	0. 270 3	0. 727 9
2018	0. 250 1	0. 749 9
2019	0. 258 2	0. 741 3
2020	0. 363 4	0. 636 5

由表 9－10 可知，近四年来，上市公司造成的大气污染程度大于水污染程度。其中，2018 年为四年中大气污染最严重的一年，2020 年的水污染程度较前三年大幅度上升。

9. 7　总结

根据以上分析结果来看，近四年中，污染程度严重的上市公司以钢铁行业为主，代表公司如武 ** 公司、华 * 涟 * 等，产生的污染物主要为 NO_x、SO_2 及烟粉尘，大气污染问题严重；污染程度轻的上市公司主要以高新技术产业为主，代表公司如大 ** 技、康 ** 业等，主要产生少量的水污染物 COD。其中，NO_x 一直为四年来上市公司污染程度最严重的指标，在钢铁行业中稳定保持较高的排放水平；SO_2 前三年为污染程度严重排名第二的指标，2020 年被 COD 超越成为第三名；2017—2019 年废水排放污染程度大于 COD，2020 年废水为污染程度最低的指标。

总体来看，2017—2020 年全国上市公司所造成的大气污染程度远高于水污染程度，2018 年为大气污染最严重的一年，2020 年为水污染程度最严重的一年。为此，本研究提出以下建议：①积极响应环保政策，按时披露污染排放数据，自愿接受政府监管；②企业按期升级生产设备，降低污染物排放浓度；③开创废物处置子公司或与其他该类企业建立合作，提高废物回收利用率，减少污染物排放。

结　论

大气污染防治是关系到国计民生的大事，任重而道远。企业是能源消耗的主要实体，是大气污染的主要来源，是践行大气污染治理的最基本的核心单位。只有从企业大气排污的角度进行大气污染治理，才能从根源上改善城市空气质量。企业有关排放的数字化、全景化使得从企业大数据的角度进行大气污染治理决策更精准。针对目前大气污染数据挖掘的现状研究，由于企业排放相关数据的可获取性及粒度不一致性等问题，因此针对企业的大气污染排放研究较少，特别是对企业在面向微观区域的污染排放关联、污染与行业之间的关联、污染排放聚类、企业污染排放的评价等研究欠缺。

为此，在企业污染排放相关大数据的基础上，本书针对京津冀地区监测的企业、全国上市公司，主要完成了以下工作：

（1）企业排放污染之间的关联。北京地区大气污染排放主要集中在电气机械和电子设备制造企业中，北京市内的大气污染物排放中，汞及其化合物→NO_x、汞及其化合物→SO_2、汞及其化合物→烟尘形成强关联规则；而北京周边工业企业大气污染物排放中发现了三种重点污染物：NO_x、SO_2 与颗粒物。SO_2→NO_x、SO_2→颗粒物、NO_x→颗粒物形成较强的关联规则。

（2）面向企业污染排放的区县之间的关联。研究发现，区县中桃城区 NO_x 排放→衡水经济开发区 NO_x、井陉县 NO_x 排放→行唐县 NO_x 形成关联规则，高置信度区域依次在石家庄市、唐山市、秦皇岛市和承德市。

（3）企业排放的污染与所属行业之间的关联。研究发现，电力、热力生产和供应业不论是对 NO_x 还是 SO_2 都有最高的关联度，冶炼和延压加工类的工业与

NO_x、SO_2 的关联普遍较高。

（4）排污企业所属省市之间的引力关系。北京与河北的空间关联度最高，其次是天津和河北的空间关联度，北京和天津的空间关联度最低，综合来看河北省排污引力最大。

（5）企业排放污染的聚类。基于聚类分析，企业排放异常点都在河北，主要包括河北 ** 能源技术开发有限公司 VOC 排放浓度过高，河北 ** 生物发电有限责任公司 NO_x 排放浓度高、颗粒物排放浓度严重超标，河北 ** 化工有限责任公司 NH_3 排放浓度严重超标、SO_2 排放浓度过高。

（6）环境规则对企业污染排放的影响。《广东省大气污染防治条例》对上市公司的 COD、NO_x 和烟粉尘排污具有很好的监管作用，但对 SO_2，政策影响效果却不太明显。

（7）企业污染排放的评价。2017—2020 年全国上市公司所造成的大气污染程度远高于水污染程度，2018 年为大气污染最严重的一年，2020 年为水污染程度最严重的一年。污染程度严重的上市公司以钢铁行业为主，产生的污染物主要为 NO_x、SO_2 及烟粉尘，大气污染问题严重；污染程度轻的上市公司主要以高新技术产业为主，主要产生少量的水污染物 COD。

参考文献

[1] Sun S, Li L, Wu Z, et al. Variation of industrial air pollution emissions based on VIIRS thermal anomaly data [J]. Atmospheric Research, 2020: 244.

[2] Wang Y, Wen Z, Dong J. The city - level precision industrial emission reduction management based on enterprise performance evaluation and path design: A case of Changzhi, China [J]. Science of the Total Environment, 2020: 734.

[3] [韩] 权伍吉. 别笑, 这就是科学——自然环境和生态 [M]. 金成根, 译. 青岛: 青岛出版社, 2015.

[4] 王家德, 成卓韦. 大气污染控制工程 [M]. 北京: 化学工业出版社, 2019.

[5] 张玥, 乔琦, 白璐, 等. 工业污染源产排污系数编码方法与应用 [J]. 环境工程技术学报, 2022, 12 (01): 284 - 292.

[6] [葡] 乔·门德斯·莫雷拉, [巴西] 安德烈·卡瓦略, [匈] 托马斯·霍瓦斯. 数据分析——统计、描述、预测与应用 [M]. 吴常玉, 译. 北京: 清华大学出版社, 2021.

[7] 张良均. Python 数据分析与挖掘实战 [M]. 2 版. 北京: 机械工业出版社, 2019.

[8] Tan P, Steinbach M, Kumar V. 数据挖掘导论 [M]. 北京: 人民邮电出版社, 2006.

[9] 周志华. 机器学习 [M]. 北京: 清华大学出版社, 2016.

[10] Xiao C C, Chang M, Guo P, et al. Characteristics analysis of industrial atmospheric emission sources in Beijing - Tianjin - Hebei and surrounding areas

using data mining and statistics on different time scales [J]. Atmospheric Pollution Research, 2020, 11 (1): 11 -26.

[11] Zheng X, Zhang L, Lin Y S. On the nexus of SO_2 and CO_2 emissions in China: The ancillary benefits of CO_2 emission reductions [J]. Regional Environmental Change, 2011, 11: 883 -891.

[12] 邓洋. 长沙市 PM2.5 与空气污染物之间的动态关系 [J]. 工程技术研究, 2017 (01): 1 -2, 8.

[13] Ashouri M J, Rafei M. How do energy productivity and water resources affect air pollution in Iran? New evidence from a Markov Switching perspective [J]. Resources Policy, 2021, 71 (1): 101986.

[14] 吴晓婷. 基于数据挖掘的城市大气污染区域关联分析 [D]. 北京: 北京理工大学, 2018.

[15] 张丹梅. 气象因子与区域大气污染浓度的灰色关联分析研究 [J]. 环境科学与管理, 2019, 44 (07): 79 -83.

[16] Yang D, Wang X, Xu J, et al. Quantifying the influence of natural and socioeconomic factors and their interactive impact on $PM_{2.5}$ pollution in China [J]. Environmental pollution, 2018 (241): 475 -483.

[17] 毛颖, 应达, 刘隽, 等. 不同时间尺度下福建省地闪频次同大气污染物浓度间的相关性研究 [J]. 环境生态学, 2021, 3 (7): 42 -50.

[18] 赵立祥, 赵蓉. 经济增长、能源强度与大气污染的关系研究 [J]. 软科学, 2019, 33 (06): 60 -66, 78.

[19] Jiang S, Tan X, Hu P, et al. Air pollution and economic growth under local government competition: Evidence from China, 2007—2016 [J]. Journal of Cleaner Production, 2022: 334.

[20] Zhang G, Jia Y, Su B, et al. Environmental regulation, economic development and air pollution in the cities of China: Spatial econometric analysis based on policy scoring and satellite data [J]. Journal of Cleaner Production, 2021: 328.

[21] Du H, Liu H, Zhang Z. The unequal exchange of air pollution and economic benefits embodied in Beijing - Tianjin - Hebei's consumption [J]. Ecological

Economics，2022：195.

[22] 郑凌霄．雾霾污染的空间特征及协同治理博弈研究［D］．徐州：中国矿业大学，2021.

[23] 张晓莉，夏衣热·肖开提．新疆工业污染的库兹涅茨曲线特征及影响因素的灰色关联分析［J］．数学的实践与认识，2020，50（03）：69－78.

[24] Fan X，Xu Y．Convergence on the haze pollution：City－level evidence from China［J］．Atmospheric Pollution Research，2020，11（6）：141－152.

[25] 李嗣同．我国大气污染的灰色关联分析［J］．齐鲁工业大学学报：自然科学版，2014，28（04）：55－58.

[26] 刘基伟，孙咏，李群．北京市$PM_{2.5}$浓度与工业污染关系分析——基于误差修正模型和混频误差修正模型［J］．数学的实践与认识，2021，51（13）：71－84.

[27] 赵海莉，原悦，李晓芹，等．兰州市西固区大气污染对呼吸系统的健康效应［J］．生态学报，2022，42（11）：4603－4616.

[28] 陈树昶，徐虹，刘卫艳，等．大气污染对小学生健康的影响［J］．中国学校卫生，2021，42（10）：1560－1563，1567.

[29] Ibrahim M F，Hod R，Tajudin M A B A，et al．Children's exposure to air pollution in a natural gas industrial area and their risk of hospital admission for respiratory diseases［J］．Environmental Research，2022，210：112966.

[30] Li D，Ji A，Lin Z，et al．Short－term ambient air pollution exposure and adult primary insomnia outpatient visits in Chongqing，China：A time－series analysis［J］．Environmental Research，2022，212：113188.

[31] 张广来，张宁．健康中国战略背景下空气污染的心理健康效应［J］．中国人口·资源与环境，2022，32（02）：15－25.

[32] Zhang Z，Zhang G，Su B．The spatial impacts of air pollution and socio－economic status on public health：Empirical evidence from China［J］．Socio－Economic Planning Sciences，2021：101167.

[33] Xu C，Zhang Z，Ling G，et al．Air pollutant spatiotemporal evolution characteristics and effects on human health in North China［J］．Chemosphere，

2022, 294: 133814.

[34] Ju K, Lu L, Chen T, et al. Does long - term exposure to air pollution impair physical and mental health in the middle - aged and older adults? —A causal empirical analysis based on a longitudinal nationwide cohort in China [J]. Science of the Total Environment, 2022, 827: 154312.

[35] 夏依章，李燃，张艳，等. 成都市大气污染所致青少年健康风险及预测分析 [J]. 中国医药导报，2022，19 (17): 189 - 192.

[36] Guan Y, Xiao Y, Rong B, et al. Long - term health impacts attributable to PM2. 5 and ozone pollution in China's most polluted region during 2015—2020 [J]. Journal of Cleaner Production, 2021, 321: 128970.

[37] 东童童，邓世成，李轩枫. 区域大气污染的城市网络关联分析——基于粤港澳大湾区的研究 [J]. 资源开发与市场，2021，37 (01): 19 - 25.

[38] 孙亚男，肖彩霞，刘华军. 长三角地区大气污染的空间关联及动态交互影响——基于2015 年城市 AQI 数据的实证考察 [J]. 经济与管理评论，2017，33 (02): 121 - 131.

[39] Li M, Zhang M, Du C, et al. Study on the spatial spillover effects of cement production on air pollution in China [J]. Science of the Total Environment, 2020, 748: 141421.

[40] Zhang S, Ren H, Zhou W, et al. Assessing air pollution abatement co - benefits of energy efficiency improvement in cement industry: A city level analysis [J]. Journal of Cleaner Production, 2018, 185: 761 - 771.

[41] Qu S, Fan S, Wang G, et al. Air pollutant emissions from the asphalt industry in Beijing, China [J]. Journal of Environmental Sciences, 2021, 109: 57 - 65.

[42] Giunta M. Assessment of the environmental impact of road construction: Modelling and prediction of fine particulate matter emissions [J]. Building and Environment, 2020, 176: 106865.

[43] Guo J, Zeng Y, Zhu K, et al. Vehicle mix evaluation in Beijing's passenger - car sector: From air pollution control perspective [J]. Science of the Total Environment, 2021, 785: 147264.

[44] Masiol M, Harrison R M. Aircraft engine exhaust emissions and other airport – related contributions to ambient air pollution: A review [J]. Atmospheric Environment, 2014, 95: 409 – 455.

[45] Tang L, Xue X, Jia M, et al. Iron and steel industry emissions and contribution to the air quality in China [J]. Atmospheric Environment, 2020, 237 (8): 117668.

[46] Gao C, Gao W, Song K, et al. Spatial and temporal dynamics of air – pollutant emission inventory of steel industry in China: A bottom – up approach [J]. Resources, Conservation and Recycling, 2019, 143: 184 – 200.

[47] Gramsch E, Cereceda – Balic F, Oyola P, et al. Examination of pollution trends in Santiago de Chile with cluster analysis of PM_{10} and ozone data [J]. Atmospheric environment, 2006, 40 (28): 5464 – 5475.

[48] 陆剑锋，薛虹，曹明霞，等. 基于三角白化权函数的城市工业污染灰色聚类评估——以江苏省为例 [J]. 资源开发与市场，2012，28 (10)：900 – 903.

[49] 龙凌波，佘倩楠，孟紫琪，等. 中国沿海地区大气污染特征及其聚类分析 [J]. 环境科学研究，2018，31 (12)：2063 – 2072.

[50] 高胜云，王拥兵，张丽霞. 系统聚类方法对大气污染地区的划分 [J]. 西昌学院学报：自然科学版，2019，33 (02)：70 – 73.

[51] 秦炳涛，葛力铭. 我国区域工业经济与环境污染的实证分析 [J]. 统计与决策，2019，35 (04)：133 – 136.

[52] Zhang L, Yang G. Cluster analysis of PM2.5 pollution in China using the frequent itemset clustering approach [J]. Environmental Research, 2022, 204: 112009.

[53] Zulkepli N F S, Noorani M S M, Razak F A, et al. Hybridization of hierarchical clustering with persistent homology in assessing haze episodes between air quality monitoring stations [J]. Journal of Environmental Management, 2022, 306: 114434.

[54] Jorquera H, Villalobos A M. Combining cluster analysis of air pollution and

meteorological data with receptor model results for ambient PM2.5 and PM_{10} [J]. International Journal of Environmental Research and Public Health, 2020, 17 (22): 8455.

[55] 贾卓，赵锦瑶，娜赫雅，等. 兰州 - 西宁城市群工业集聚格局及其影响因素空间溢出 [J]. 兰州大学学报：自然科学版，2022，58 (02)：143 - 150，156.

[56] Iizuka A, Shirato S, Mizukoshi A, et al. A cluster analysis of constant ambient air monitoring data from the Kanto Region of Japan [J]. International Journal of Environmental Research and Public Health, 2014, 11 (7): 6844 - 6855.

[57] Soares J. Associativity analysis of SO_2 and NO_2 for alberta monitoring data using KZ filtering and hierarchical clustering [J]. Atmospheric Chemistry and Physics, 2018: 1 - 31.

[58] Stolz T, Huertas M E, Mendoza A. Assessment of air quality monitoring networks using an ensemble clustering method in the three major metropolitan areas of Mexico [J]. Atmospheric Pollution Research, 2020, 11 (8): 1271 - 1280.

[59] Alahamade W, Lake I, Reeves C E, et al. A multi - variate time series clustering approach based on intermediate fusion: A case study in air pollution data imputation [J]. Neurocomputing, 2022, 490: 229 - 245.

[60] Wang C, Zhao L, Sun W, et al. Identifying redundant monitoring stations in an air quality monitoring network [J]. Atmospheric Environment, 2018, 190: 256 - 268.

[61] 吴晶，乐小亮，毛慧. 泰州市工业废气排放特征分析与评价 [J]. 绿色科技，2021，23 (22)：155 - 157.

[62] 杨宝强. 探究城市环境污染的影响因素与综合评价分析 [J]. 环境影响评价，2020，42 (02)：87 - 89，96.

[63] 曹纳. 制糖工业碳排放绩效评价方法研究 [J]. 甘蔗糖业，2020，49 (04)：116 - 121.

[64] 李廷昆，冯银厂，吴建会，等. 工业大气污染源排放绩效定量评价及应用

[J]. 环境科学, 2021, 42 (06): 2740-2747.

[65] Cai B, Wang J, He J, et al. Evaluating CO_2 emission performance in China's cement industry: An enterprise perspective [J]. Applied energy, 2016, 166: 191-200.

[66] Sun J, Du T, Sun W, et al. An evaluation of greenhouse gas emission efficiency in China's industry based on SFA [J]. Science of The Total Environment, 2019, 690: 1190-1202.

[67] Proaño L, Sarmiento A T, Figueredo M, et al. Techno-economic evaluation of indirect carbonation for CO_2 emissions capture in cement industry: A system dynamics approach [J]. Journal of Cleaner Production, 2020, 263: 121457.

[68] Xue R, Wang S, Gao G, et al. Evaluation of symbiotic technology-based energy conservation and emission reduction benefits in iron and steel industry: Case study of He'nan, China [J]. Journal of Cleaner Production, 2022, 338: 130616.

[69] 蔡乌赶, 许凤茹. 环境规制如何影响空气污染? ——基于中国284个地级市数据的实证研究 [J]. 福州大学学报: 哲学社会科学版, 2020, 34 (05): 33-40, 47.

[70] 赵立祥, 赵蓉, 张雪薇. 碳交易政策对我国大气污染的协同减排有效性研究 [J]. 产经评论, 2020, 11 (03): 148-160.

[71] Zhang M, Liu X, Ding Y, et al. How does environmental regulation affect haze pollution governance? —An empirical test based on Chinese provincial panel data [J]. Science of the Total Environment, 2019, 695: 133905.

[72] 牛子恒, 崔宝玉. 食品安全规制是抑制工业大气污染的"隐蔽"力量吗? ——基于国家食品安全示范城市创建的准自然实验分析 [J]. 山西财经大学学报, 2021, 43 (06): 40-55.

[73] 梁睿, 高明, 吴雪萍. 环境规制与大气污染减排关系的进一步检验——基于经济增长的门槛效应分析 [J]. 生态经济, 2020, 36 (09): 182-187.

[74] Liu X, Zhong S, Li S, et al. Evaluating the impact of central environmental protection inspection on air pollution: An empirical research in China [J].

Process Safety and Environmental Protection，2022，160：563 –572.

[75] Li P，Lin Z，Du H，et al. Do environmental taxes reduce air pollution? Evidence from fossil – fuel power plants in China [J]. Journal of Environmental Management，2021，295：113112.

[76] Zhang A，Wang S，Liu B. How to control air pollution with economic means? Exploration of China's green finance policy [J]. Journal of Cleaner Production，2022，353：131664.

[77] Yang M，Yan X，Li Q. Impact of environmental regulations on the efficient control of industrial pollution in China [J]. Chinese Journal of Population，Resources and Environment，2021，19 (3)：230 –236.

[78] Wang，W，Guo H. A summary of the research on the environmental responsibility of Chinese enterprises [J]. Economic Research Guide，2021，34：21 –23.

[79] 郭沛源，曹瑄玮. 企业社会责任理论与实务 [M]. 北京：中国经济出版社，2022.

[80] Wang J，Ning M，Sun Y. Study on theory and methodology about joint prevention and control of regional air pollution [J]. Environment and Sustainable Development，2012，5：5 –10.

[81] 王金南，宁淼，孙亚梅. 区域大气污染联防联控的理论与方法分析 [J]. 环境与可持续发展，2012，37 (5)：6.

[82] James E F，Jeff D. Environmental Informatics [J]. Annual Review of Environment and Resources，2012，37：449 –472.

[83] 刘思峰. 灰色系统理论及其应用 [M]. 8 版. 北京：科学出版社，2021.

[84] 刘震. 多变量灰色关联模型及其应用研究 [M]. 上海：东方出版中心，2020.

[85] 蒋诗泉. 基于一般灰数的灰色关联决策模型及其应用研究 [M]. 北京：中国科学技术大学出版社，2020.

[86] Ayman M，Salem N. New nonlinear estimators of the gravity equation [J]. Economic Modelling，2021：95.

[87] Wu J，Luo K，Ma H. Ecological security and restoration pattern of Pearl River

Delta, based on ecosystem service and gravity model [J]. Acta Ecologica Sinica, 2020, 40 (23): 8417 – 8429.

[88] Chen S, Shi A, Wang X. Carbon emission curbing effects and influencing mechanisms of China's Emission Trading Scheme: The mediating roles of technique effect, composition effect and allocation effect [J]. Journal of Cleaner Production, 2020, 264: 121700.

[89] 李明宰. 匹配、断点回归、双重差分及其他 [M]. 上海: 上海人民出版社, 2021.

[90] [美] 乔舒亚·安格里斯特, [美] 约恩-斯特芬·皮施克. 精通计量: 从原因到结果的探寻之旅 [M]. 上海: 格致出版社, 2021.

[91] 马峥. 基于信息熵的科技学术期刊评价方法研究 [M]. 北京: 科学技术文献出版社, 2022.

[92] 鲍际刚. 信息熵经济学—人类发展之路 [M]. 北京: 经济科学出版社, 2013.

[93] 宋明顺, 等. 测量数据质量评价与控制——基于贝叶斯框架下的最大信息熵和蒙特卡洛方法 [M]. 北京: 科学出版社, 2022.

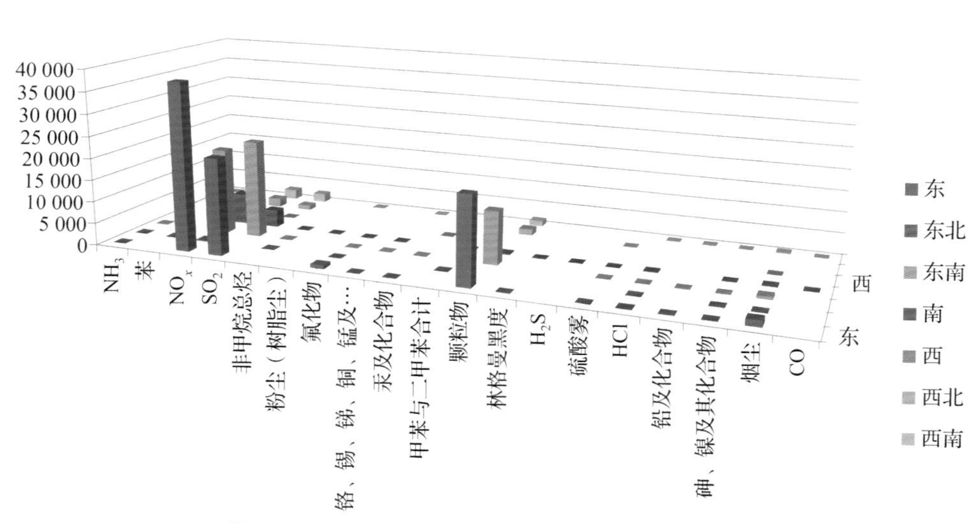

图 4-6 北京不同方位不同污染物的排放量对比